Logaritmos e funções

COLEÇÃO DESMISTIFICANDO A MATEMÁTICA

Logaritmos e funções

Álvaro Emílio Leite
Nelson Pereira Castanheira

Rua Clara Vendramin, 58 . Mossunguê
CEP 81200-170 . Curitiba . PR . Brasil
Fone: (41) 2106-4170
www.intersaberes.com
editora@intersaberes.com

conselho editorial
Dr. Alexandre Coutinho Pagliarini
Drª Elena Godoy
Dr. Neri dos Santos
Dr. Ulf Gregor Baranow

editora-chefe
Lindsay Azambuja

gerente editorial
Ariadne Nunes Wenger

assistente editorial
Daniela Viroli Pereira Pinto

capa
Mayra Yoshizawa

projeto gráfico
Conduta Produções Editoriais

adaptação do projeto gráfico
Mayra Yoshizawa

diagramação
LAB Prodigital

1ª edição, 2015
Foi feito o depósito legal.

Informamos que é de inteira responsabilidade dos autores a emissão de conceitos.

Nenhuma parte desta publicação poderá ser reproduzida por qualquer meio ou forma sem a prévia autorização da Editora InterSaberes.

A violação dos direitos autorais é crime estabelecido na Lei n. 9.610/1998 e punido pelo art. 184 do Código Penal.

Dados Internacionais de Catalogação na Publicação (CIP)
(Câmara Brasileira do Livro, SP, Brasil)

Castanheira, Nelson Pereira
  Logaritmos e funções/Nelson Pereira Castanheira, Álvaro Emílio Leite. – Curitiba: InterSaberes, 2015.
  (Coleção Desmistificando a Matemática; v. 4).

  Bibliografia.
  ISBN 978-85-443-0112-8

  1. Funções 2. Logaritmos 3. Matemática – Estudo e ensino I. Leite, Álvaro Emílio. II. Título. III. Série.

14-11290   CDD-510.7

Índice para catálogo sistemático:
1. Matemática: Estudo e ensino 510.7

Sumário

Dedicatória 9
Agradecimentos 11
Epígrafe 13
Apresentação da coleção 15
Apresentação da obra 17
Como aproveitar ao máximo este livro 18

1. Funções 21
   1.1 Sistema de coordenadas cartesianas 23
   1.2 Noção intuitiva de função 24
   1.3 Função: uma relação entre dois conjuntos 25
   1.4 Notação para funções 28
   1.5 Variável dependente e variável independente 32
   1.6 Domínio, contradomínio e imagem de uma função ... 34
   1.7 Funções sobrejetora, injetora e bijetora 36
   1.8 Estudo do domínio de uma função 38
   1.9 Gráficos de funções 40
   1.10 Nem todo gráfico serve para representar uma função ... 42
   1.11 Paridade de funções: par, ímpar ou nem par, nem ímpar ... 43
   1.12 Funções crescentes e decrescentes 45
   1.13 Funções compostas 46
   1.14 Funções inversas 50
   1.15 Determinação da função inversa 53
   1.16 Funções polinomiais 54
   1.17 Grau de uma função polinomial 54
   1.18 Função polinomial do primeiro grau 58
      1.18.1 Gráfico de uma função polinomial do primeiro grau ... 61
      1.18.2 Crescimento e decrescimento de funções do primeiro grau .. 66
      1.18.3 Zero ou raiz de uma função do primeiro grau 69
   1.19 Função polinomial do segundo grau ou função quadrática . 72
      1.19.1 Gráfico de uma função do segundo grau 75
      1.19.2 Concavidade da parábola 79
      1.19.3 Posição da curva em relação ao eixo x 80
      1.19.4 Localização do vértice da parábola 83
      1.19.5 Crescimento e decrescimento de uma função
              do segundo grau 91

2. Função modular 109
   2.1 Módulo ou valor absoluto de um número 111
   2.2 Equações modulares 111
   2.3 Funções modulares 115

3. Exponenciais 121
   3.1 Equações exponenciais 123
   3.2 Funções exponenciais 126
   3.3 Aplicações da função exponencial 130

4. Logaritmos 141
   4.1 Aspectos históricos 143
   4.2 Representação dos logaritmos 145
   4.3 Algumas consequências da definição de logaritmo ... 147
   4.4 Propriedades dos logaritmos 149
   4.5 Mudança de base dos logaritmos 152
   4.6 A função logarítmica 153

5. Funções circulares ou trigonométricas 159
   5.1 Círculo trigonométrico 161
   5.2 Função cosseno 162
      5.2.1 Características da função cosseno 164
   5.3 Função seno 164
      5.3.1 Características da função seno 166
   5.4 Função tangente 166
      5.4.1 Características da função tangente 167
   5.5 Função secante 168
      5.5.1 Características da função secante 169
   5.6 Função cossecante 170
      5.6.1 Características da função cossecante 172
   5.7 Função cotangente 173
      5.7.1 Características da função cotangente 174

Para concluir 178
Referências 179
Respostas 180
Sobre os autores 191

Dedicatória

Dedico este livro à minha filha, Gabriela, a quem muito amo e agradeço pela compreensão e pela colaboração durante a execução desta obra.

Álvaro Emílio Leite

Dedico este livro aos meus filhos, Kendric, Marcel e Marcella, a quem agradeço pelos momentos de alegria que dividimos e pela compreensão nos momentos em que estive ausente para escrevê-lo.

Nelson Pereira Castanheira

Agradecimentos

Primeiramente, agradecemos a Deus por nos permitir, durante tantos anos, transmitir nossos conhecimentos aos estudantes dos mais diversos locais do país.

Agradecemos aos amigos que sempre nos incentivaram a permanecer na docência, levando o conhecimento àqueles que desejam crescer intelectual e profissionalmente.

Em especial, agradecemos aos nossos filhos, que são inquestionavelmente nossa alegria de viver e dos quais estivemos afastados durante a realização desta obra.

Epígrafe

Se A é o sucesso, então A é igual a X mais Y mais Z. O trabalho é X; Y é o lazer; e Z é manter a boca fechada.

Albert Einstein

Apresentação da coleção

Durante toda a elaboração desta coleção, estivemos atentos à necessidade que as pessoas têm de compreender a matemática e à dificuldade que sentem para interpretar textos que são excessivamente complexos, com linguajar rebuscado e totalmente diferente daquele que utilizam no seu cotidiano.

Procuramos empregar, então, uma linguagem fácil e dialógica, para que o leitor não precise contar permanentemente com a presença de um professor, de um tutor ou de um profissional da área.

Especial atenção foi dada, também, à necessidade do estudante em desempenhar com sucesso outras disciplinas que tenham a Matemática como pré-requisito e à importância de o docente poder dispor de um livro-texto que facilite o seu papel de educador.

Nossa experiência mostrou, ainda, que, para o total aprendizado da matemática, é de suma importância a apresentação de exemplos resolvidos passo a passo e que deem o suporte necessário ao estudante para a resolução de outros exercícios similares sem dificuldade.

Os autores

Apresentação da obra

Este livro foi estruturado para permitir sua aplicação tanto em cursos presenciais quanto em cursos de educação a distância.

O Capítulo 1 apresenta um estudo completo de funções, desde a definição de coordenadas cartesianas até o estudo de funções polinomiais do primeiro e segundo graus.

No Capítulo 2 há o detalhamento da função modular, com o estudo aprofundado das equações modulares.

No Capítulo 3 são analisadas as equações exponenciais, as funções exponenciais e suas aplicações práticas.

O Capítulo 4 se aprofunda no estudo dos logaritmos e das funções logarítmicas.

No Capítulo 5 são detalhadas as funções circulares ou trigonométricas, com base na análise do círculo trigonométrico. Para isso, foram estudadas as funções seno, cosseno, tangente, cotangente, secante e cossecante.

Boa leitura.

Como aproveitar ao máximo este livro

Este livro traz alguns recursos que visam enriquecer o seu aprendizado, facilitar a compreensão dos conteúdos e tornar a leitura mais dinâmica. São ferramentas projetadas de acordo com a natureza dos temas que vamos examinar. Veja a seguir como esses recursos se encontram distribuídos no projeto gráfico da obra.

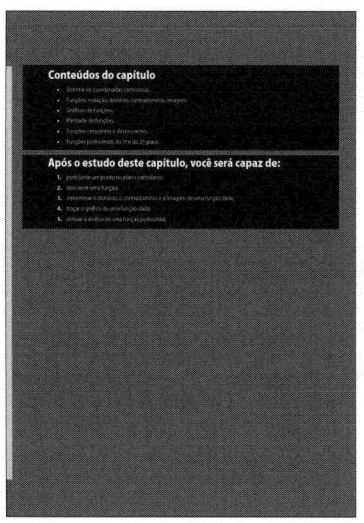

Conteúdos do capítulo

Logo na abertura do capítulo, você fica conhecendo os conteúdos que serão abordados.

Após o estudo deste capítulo, você será capaz de:

Você também é informado a respeito das competências que irá desenvolver e dos conhecimentos que irá adquirir com o estudo do capítulo.

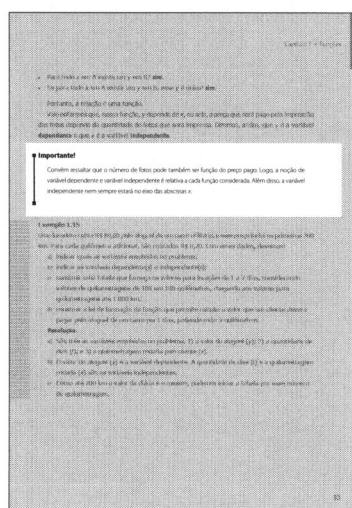

Importante!

Nesta seção, ganham destaque algumas informações fundamentais para a compreensão do conteúdo abordado.

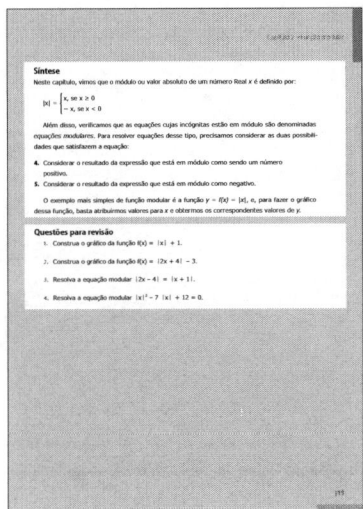

Síntese

Você dispõe, ao final do capítulo, de uma síntese que traz os principais conceitos nele abordados.

Questões para revisão

Com estas atividades, você tem a possibilidade de rever os principais conceitos analisados. Ao final do livro, os autores disponibilizam as respostas às questões, a fim de que você possa verificar como está sua aprendizagem.

Funções

Conteúdos do capítulo

- Sistema de coordenadas cartesianas.
- Funções: notação, domínio, contradomínio, imagem.
- Gráficos de funções.
- Paridade de funções.
- Funções crescentes e decrescentes.
- Funções polinomiais do 1º e do 2º graus.

Após o estudo deste capítulo, você será capaz de:

1. posicionar um ponto no plano cartesiano;
2. descrever uma função;
3. determinar o domínio, o contradomínio e a imagem de uma função dada;
4. traçar o gráfico de uma função dada;
5. efetuar a análise de uma função polinomial.

O que são *coordenadas cartesianas*? Para representarmos ou até mesmo localizarmos um ponto em um plano, esse conceito é de fundamental importância. Com base nesse conhecimento, podemos traçar um gráfico e estudar funções, que é o propósito desta obra. Vamos iniciar nossos estudos?

1.1 Sistema de coordenadas cartesianas

Em seu livro *La Géométrie* – publicado originalmente em 1637 –, o francês René Descartes (1596-1650) apresentou uma nova forma de representar um par de números em um plano (ou sistema). Ele utilizou dois eixos ortogonais cujo ponto de interseção é a origem do sistema.

A partir de então, as coordenadas de um ponto em um plano cartesiano passaram a ser representadas por um par ordenado (x, y): a abscissa (valor de x) e a ordenada (valor de y).

As coordenadas da origem do sistema podem ser representadas pelo par ordenado $(0, 0)$, ou seja, na origem, tanto o valor de x quanto o valor de y valem 0.

Exemplo 1.1

Vamos localizar os pontos a seguir em um plano cartesiano:

A (2,3), B (−1,4), C (3, −5), D (−3, −2)

Resolução:

Gráfico 1.1 – Representação de pontos em um plano cartesiano

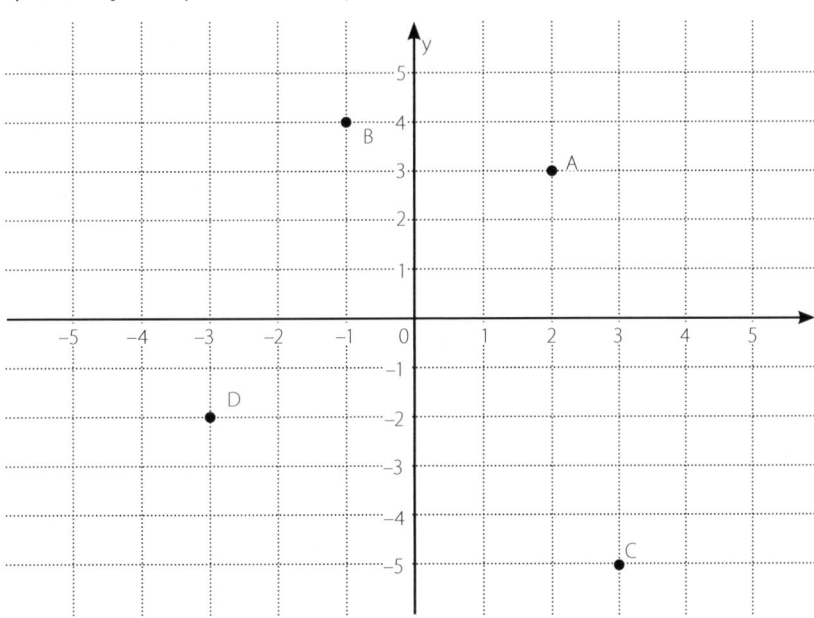

1.2 Noção intuitiva de função

Nosso cotidiano está repleto de situações em que utilizamos intuitivamente a noção de função. Vejamos o exemplo a seguir.

Exemplo 1.2

Vamos supor que um lápis custe R$ 2,50. Chamaremos de *x* o número de lápis que desejamos comprar e de *y* o valor que vamos pagar por eles. Assim, é possível organizarmos esses dados em uma tabela, conforme o exemplo a seguir.

Tabela 1.1 – Relação entre quantidade de lápis e valor a pagar

Quantidade de lápis (x)	Valor a pagar (y)
0	0 · 2,50 = R$ 0,00
1	1 · 2,50 = R$ 2,50
2	2 · 2,50 = R$ 5,00
3	3 · 2,50 = R$ 7,50
4	4 · 2,50 = R$ 10,00
5	5 · 2,50 = R$ 12,50
...	...
10	10 · 2,50 = R$ 25,00
15	15 · 2,50 = R$ 37,50
50	50 · 2,50 = R$ 125,00
...	...

Podemos perceber que o valor *y* a pagar depende do número *x* de lápis que forem comprados. A sentença matemática que representa a relação entre *x* e *y* é a seguinte:

y = 2,5x

Essa sentença matemática é chamada de *lei de formação da função*.

É importante percebermos que:

- *x* e *y* são duas grandezas variáveis;
- os valores de *x* estão associados aos valores de *y*;
- para cada valor de *x* existe um único valor de *y*.

Exemplo 1.3

O valor da bandeirada do táxi na cidade de Curitiba é de R$ 4,00 (ou seja, se apenas entramos no táxi, teremos de pagar esse valor). Além disso, são cobrados R$ 2,00 por quilômetro rodado. Sabendo disso, devemos montar uma tabela que permita calcular o valor de corridas cuja distância varia de 0 a 10 km e a distância é um número inteiro (em quilômetros).

Resolução:

Chamaremos de x o número de quilômetros percorridos e de y o valor a ser pago. Assim:

Tabela 1.2 – Relação entre quilômetros rodados e valor a pagar

Quilômetros (x)	Valor a pagar (y)
0	$0 \cdot 2 + 4$ = R$ 4,00
1	$1 \cdot 2 + 4$ = R$ 6,00
2	$2 \cdot 2 + 4$ = R$ 8,00
3	$3 \cdot 2 + 4$ = R$ 10,00
4	$4 \cdot 2 + 4$ = R$ 12,00
5	$5 \cdot 2 + 4$ = R$ 14,00
6	$6 \cdot 2 + 4$ = R$ 16,00
7	$7 \cdot 2 + 4$ = R$ 18,00
8	$8 \cdot 2 + 4$ = R$ 20,00
9	$9 \cdot 2 + 4$ = R$ 22,00
10	$10 \cdot 2 + 4$ = R$ 24,00

Exemplo 1.4

Tendo o exemplo anterior como base, devemos definir qual é a lei de formação da função que relaciona o valor a ser pago à distância da corrida. Para isso, é necessário utilizarmos a função expressa pela lei de formação da função para calcular o valor de uma corrida de 5,7 km de distância.

Resolução:

Observando a Tabela 1.2, notamos que a lei de formação da função é:

$y = 2x + 4$

Para calcular o valor da corrida de 5,7 km, basta substituirmos este valor na lei de formação da função:

$y = 2 \cdot 5,7 + 4$
$y = $ R$ 15,40

1.3 Função: uma relação entre dois conjuntos

Podemos imaginar uma função como uma relação entre dois conjuntos. Suponhamos os conjuntos A e B representados pelo diagrama de Venn, como mostra a Figura 1.1.

Logaritmos e funções

Figura 1.1 – Relação entre as funções A e B representada pelo diagrama de Venn

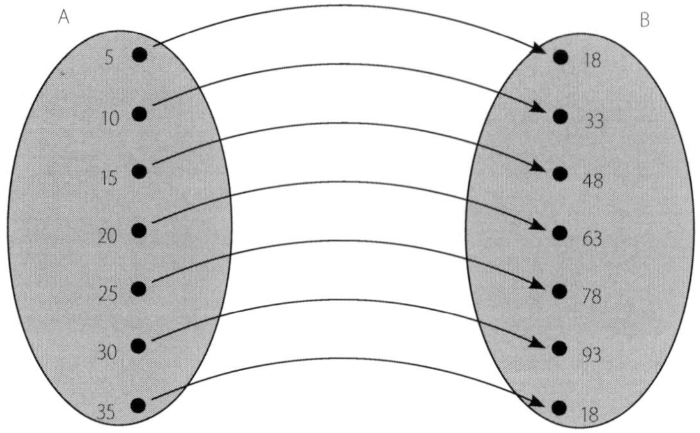

As flechas indicam a relação entre os elementos do conjunto A e os elementos do conjunto B. Vale notarmos que:

- todos os elementos do conjunto A estão associados a um elemento do conjunto B;
- para cada elemento do conjunto A existe um único elemento correspondente no conjunto B.

Assim, dizemos que os elementos do conjunto A estão relacionados aos elementos do conjunto B pela função indicada por:

$$f: A \to B$$

Ou seja, f é uma função de A em B.

> Em outras palavras, uma função de um conjunto A em um conjunto B é uma lei, isto é, uma regra de formação que associa todo elemento em A a um único elemento em B (Demana et al., 2013, p. 69). Dessa forma, o conjunto A é o domínio da função e o conjunto B é o conjunto imagem.

Exemplo 1.5

Vamos supor que devemos escrever a lei de formação da função de A em B. Para isso, devemos considerar que os elementos do conjunto A são representados pela variável x e os do conjunto B pela variável y.

Resolução:

Podemos perceber que cada elemento de B é o triplo do correspondente elemento de A, somado com 3. Assim, a lei de formação da função é:

$$y = 3x + 3$$

Exemplo 1.6

Digamos que, dados os conjuntos A = {1, 2, 3, 4} e B = {0, 1, 2, 5, 7, 10, 12, 13, 17, 20} e a relação entre A e B expressa por $y = x^2 + 1$, sendo x ∈ A e y ∈ B, devemos representar a relação existente por meio de um diagrama de Venn.

Resolução:

Segundo a lei de formação da função, temos:

x = 1 → y = 2
x = 2 → y = 5
x = 3 → y = 10
x = 4 → y = 17

Portanto, o diagrama de Venn é o representado na Figura 1.2.

Figura 1.2 – Relação entre A e B representada pelo diagrama de Venn

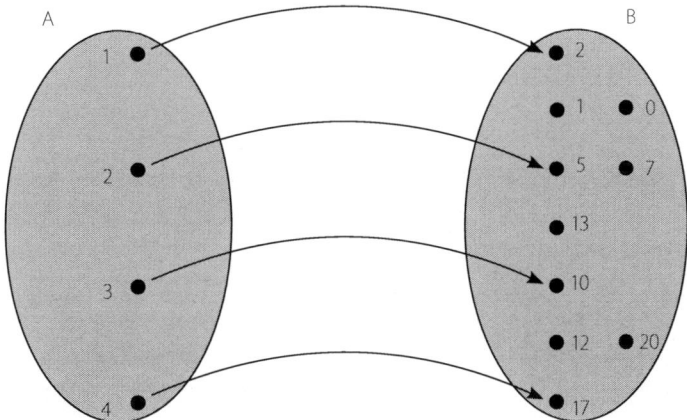

Ressaltamos que:

- todos os elementos do conjunto A estão associados a um elemento do conjunto B;
- para cada elemento do conjunto A existe um único elemento correspondente no conjunto B;
- existem elementos do conjunto B que não estão associados a elementos do conjunto A. No entanto, todos os elementos do conjunto A estão associados a um elemento do conjunto B.

Assim, podemos dizer que a relação existente entre os conjuntos A e B é uma função de A em B.

Os dois últimos exemplos (5 e 6) fornecem subsídios para enunciarmos a definição de função:

Sejam A e B dois conjuntos não vazios, sendo que os elementos de A estão relacionados aos elementos de B. Uma função de A em B fica definida quando, para cada elemento x do conjunto A, existe um único elemento y do conjunto B.

1.4 Notação para funções

Uma função de A em B pode ser representada da seguinte forma:

$$f: A \rightarrow B$$

De modo geral, são utilizadas as letras *x* e *y* para representar as variáveis de uma função. Obviamente, outras letras podem ser utilizadas.

Da mesma forma, a letra *f* é comumente utilizada para representar uma função. Entretanto, qualquer letra pode ser utilizada.

Em vez de chamar a variável dependente de *y*, podemos chamá-la *f(x)*, ou *g(x)*, ou *h(t)*, ou *S(t)* etc. Vejamos alguns exemplos:

Escrever y = 3x + 2 é o mesmo que escrever f(x) = 3x + 2.
Escrever y = 4t − 5 é o mesmo que escrever g(t) = 4t − 5.
f(x) → lê-se "f de x".
g(t) → lê-se: "g de t".

Exemplo 1.7

Dados os conjuntos a seguir, vamos verificar se A é uma função em B, ou seja, se f: A → B:

Figura 1.3 – Conjuntos representados em um diagrama de Venn

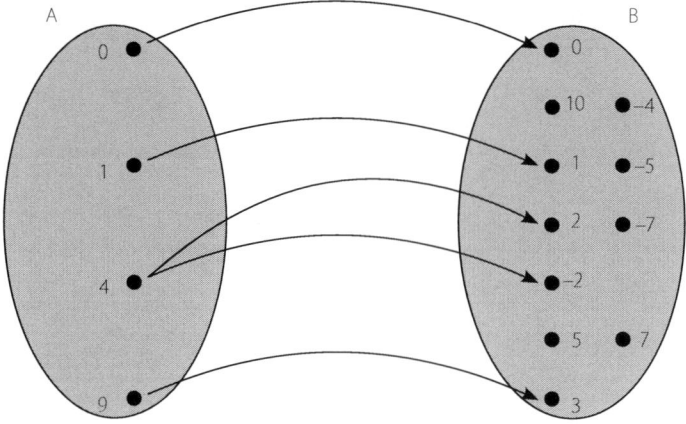

Resolução:

Para resolver o problema, precisamos responder a duas perguntas:
1. Para todo *x* em A existe um *y* em B?
2. Se para todo *x* em A existir um *y* em B, esse *y* é único?

Se as duas respostas forem afirmativas, a relação de A em B é uma função. Caso contrário, não é uma função.

No caso desse exemplo, a resposta para a primeira pergunta é "sim", mas para a segunda é "não", pois, para x = 4, existem dois valores de y (y = 2 e y = –2). Portanto, a relação não é uma função.

Exemplo 1.8

Dados os conjuntos a seguir, precisamos verificar se A é uma função em B, ou seja, se f: A → B:

Figura 1.4 – Conjuntos representados em um diagrama de Venn

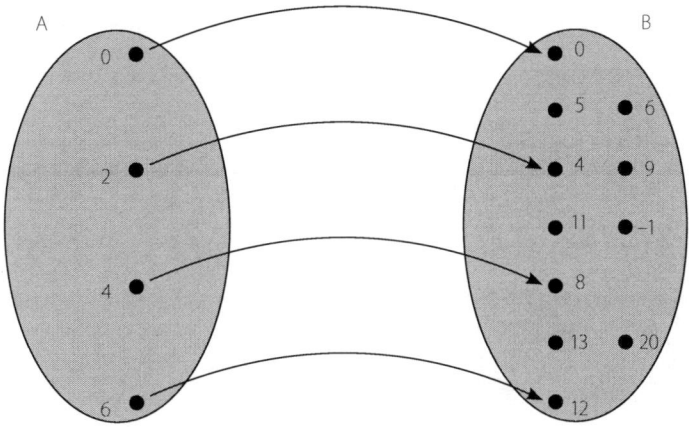

Resolução:
1. Para todo x em A existe um y em B? **Sim**.
2. Se para todo x em A existir um y em B, esse y é único? **Sim**.

   Portanto, a relação é uma função de A em B, ou seja, f: A → B.

Exemplo 1.9

Agora, dados os conjuntos a seguir, vamos verificar se A é uma função em B, ou seja, se f: A → B:

Figura 1.5 – Conjuntos representados em um diagrama de Venn

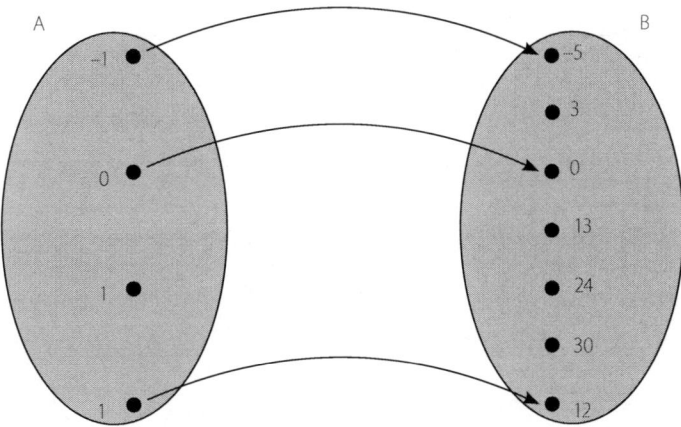

Resolução:

1. Para todo *x* em A existe um *y* em B? **Não**.
2. Se para todo *x* em A existir um *y* em B, esse *y* é único? Se a resposta para a primeira pergunta é "não", então não faz sentido fazer a segunda pergunta.

   Portanto, a relação não é uma função de A em B.

Exemplo 1.10

Dados os conjuntos a seguir, vamos verificar se A é uma função em B, ou seja, se f: A → B:

Figura 1.6 – Conjuntos representados em um diagrama de Venn

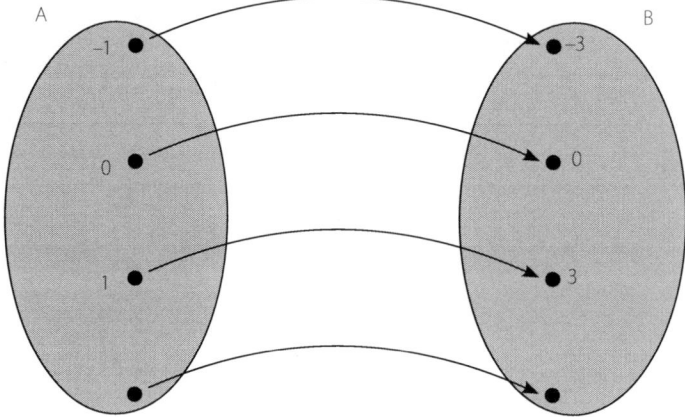

Resolução:

1. Para todo *x* em A existe um *y* em B? **Sim**.
2. Se para todo *x* em A existir um *y* em B, esse *y* é único? **Sim**.

   Portanto, a relação é uma função de A em B, ou seja, f: A → B.

Exemplo 1.11

Dados os conjuntos a seguir, vamos verificar se A é uma função em B, ou seja, se f: A → B:

Figura 1.7 – Conjuntos representados em um diagrama de Venn

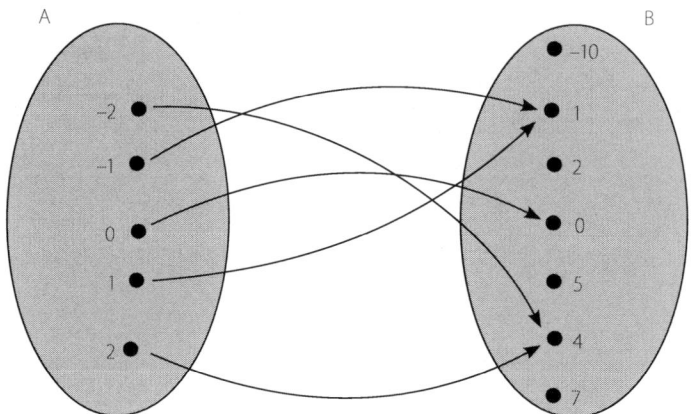

Resolução:
1. Para todo *x* em A existe um *y* em B? **Sim**.
2. Se para todo *x* em A existir um *y* em B, esse *y* é único? **Sim**.

   Portanto, a relação é uma função de A em B, ou seja, f: A → B.

Exemplo 1.12

Qual a lei de formação para a função do Exemplo 1.11?

Resolução:

$y = x^2$

Exemplo 1.13

Dados os conjuntos A = {0, 1, 2, 3, 4, 5, 6} e B = {−3, −1, 1, 3, 5, 7, 9} e a relação entre A e B expressa por *y = 2x −3*, sendo x ∈ A e y ∈ B, devemos representar a relação por um diagrama de Venn.

Resolução:

Figura 1.8 – Conjuntos representados em um diagrama de Venn

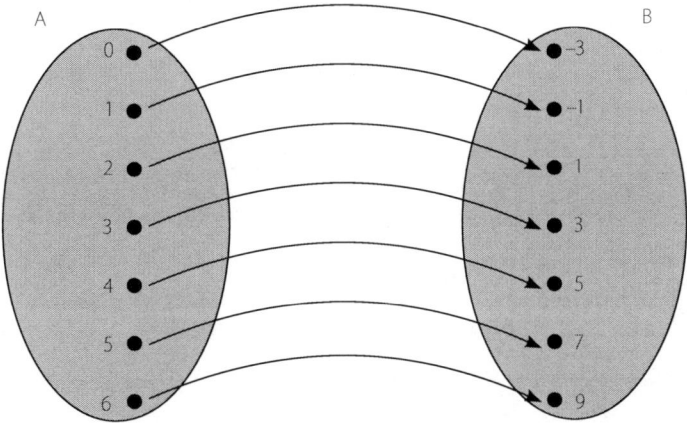

Exemplo 1.14

Dados os conjuntos a seguir, considere que x ∈ A e y ∈ B e encontre a lei de formação da função f: A → B.

Logaritmos e funções

Figura 1.9 – Conjuntos representados em um diagrama de Venn

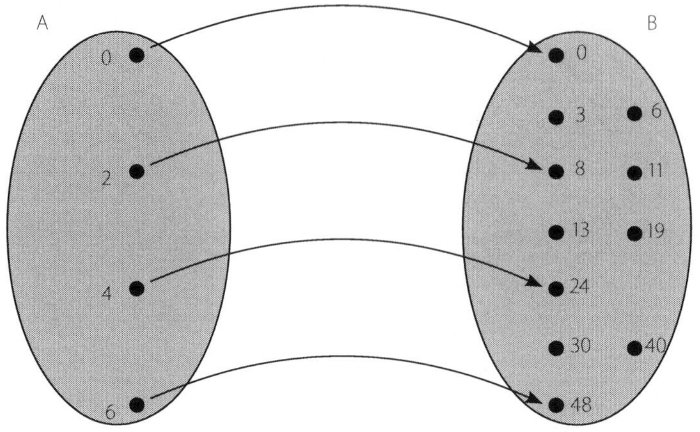

Resolução: $y = x^2 + 2x$

1.5 Variável dependente e variável independente

Vamos estudar o seguinte caso: o pai de Gabriela tem, no HD do seu computador, 5 mil arquivos de fotos feitas desde que ela nasceu. Ele fez uma consulta a um laboratório fotográfico para saber quanto ele gastaria para revelar determinadas quantidades de fotos. Com os resultados obtidos, ele construiu uma tabela, como o exemplo a seguir.

Tabela 1.3 – Preço da revelação em função da quantidade de fotos

Quantidade de fotos (x)	Preço (y)	Custo unitário (C)
1	R$ 1,50	R$ 1,50
10	R$ 7,80	R$ 0,78
50	R$ 22,96	R$ 0,46
100	R$ 39,00	R$ 0,39
500	R$ 144,50	R$ 0,29
1.000	R$ 260,00	R$ 0,26
2.000	R$ 472,58	R$ 0,24
3.000	R$ 672,97	R$ 0,22
4.000	R$ 866,17	R$ 0,22
5.000	R$ 1.054,35	R$ 0,21
10.000	R$ 1.950,00	R$ 0,20
100.000	R$ 15.600,00	R$ 0,16
x	$y = \dfrac{0,78 \cdot x}{\log x}$	$C = \dfrac{y}{x}$

Primeiramente, vamos verificar se a relação entre a quantidade de fotos (*x*) e o preço (*y*) é uma função:

- Para todo *x* em A existe um *y* em B? **Sim**.
- Se para todo *x* em A existir um *y* em B, esse *y* é único? **Sim**.

Portanto, a relação é uma função.

Vale notarmos que, nessa função, *y* depende de *x*, ou seja, o preço que será pago pela impressão das fotos depende da quantidade de fotos que será impressa. Dizemos, assim, que *y* é a variável **dependente** e que *x* é a variável **independente**.

Importante!

Convém ressaltar que o número de fotos pode também ser função do preço pago. Logo, a noção de variável dependente e variável independente é relativa a cada função considerada. Além disso, a variável independente nem sempre estará no eixo das abscissas *x*.

Exemplo 1.15

Uma locadora cobra R$ 80,00 pelo aluguel de um carro utilitário e esse preço inclui os primeiros 200 km. Para cada quilômetro adicional, são cobrados R$ 0,20. Com esses dados, devemos:

a) indicar quais as variáveis envolvidas no problema;
b) indicar as variáveis dependente(s) e independente(s);
c) construir uma tabela que forneça os valores para locações de 1 a 7 dias, considerando valores de quilometragens de 100 em 100 quilômetros, chegando aos valores para quilometragens até 1.000 km.
d) construir a lei de formação da função que permite calcular o valor que um cliente deverá pagar pelo aluguel de um carro por *t* dias, podendo rodar *x* quilômetros.

Resolução:

a) São três as variáveis envolvidas no problema: 1) o valor do aluguel (y); 2) a quantidade de dias (t); e 3) a quilometragem rodada pelo cliente (x).
b) O valor do aluguel (y) é a variável dependente. A quantidade de dias (t) e a quilometragem rodada (x) são as variáveis independentes.
c) Como até 200 km o valor da diária é o mesmo, podemos iniciar a tabela por esse número de quilometragem.

Logaritmos e funções

Tabela 1.4 – Valores para locação de 1 a 7 dias em função da quilometragem

Distância (km) Dias	200	300	400	500	600	700	800	900	1000
1	80,00	100,00	120,00	140,00	160,00	180,00	200,00	220,00	240,00
2	160,00	180,00	200,00	220,00	240,00	260,00	280,00	300,00	320,00
3	240,00	260,00	280,00	300,00	320,00	340,00	360,00	380,00	400,00
4	320,00	340,00	360,00	380,00	400,00	420,00	440,00	460,00	480,00
5	400,00	420,00	440,00	460,00	480,00	500,00	520,00	540,00	560,00
6	480,00	500,00	520,00	540,00	560,00	580,00	600,00	620,00	640,00
7	560,00	580,00	600,00	620,00	640,00	660,00	680,00	700,00	720,00

d) É preciso notar que y é uma função de duas variáveis (x e t). A lei de formação da função, então, é a seguinte:

$$y = 80t + 0{,}2(x - 200)$$

Vale observarmos, ainda, que a função é válida para valores de x maiores que 200. Para valores de x menores que 200, y é função somente da variável t:

$$y = 80t$$

Assim, podemos escrever:

Para $x < 200 \rightarrow y = 80t$

Para $x \geq 200 \rightarrow y = 80t + 0{,}2(x - 200)$

Exemplo 1.16

João alugou um carro por 5 dias na locadora do exemplo anterior e rodou com ele 737 km. Qual o valor que terá de pagar?

Resolução:

$$y = 80t + 0{,}2(x - 200)$$

Como $t = 5$:

$$y = 80 \cdot 5 + 0{,}2(737 - 200)$$
$$y = 400 + 107{,}40$$
$$y = 507{,}40$$

1.6 Domínio, contradomínio e imagem de uma função

O domínio (D) de uma função, também chamado de *campo de definição* ou *campo de existência*, é o conjunto de números que a variável independente pode assumir:

Exemplo 1.17

Em uma boate cabem 1 200 pessoas. O valor cobrado por ingresso é de R$ 40,00. A função que define a receita proporcionada pelos ingressos é:

y = 40x

Nessa função, x é a variável independente e y é a variável dependente.

Ressaltamos que, para esse caso específico, x é um número natural restrito ao intervalo [0, 1 200], ou seja, x pode assumir qualquer valor que esteja entre 0 e 1 200, inclusive zero e 1 200. Esse intervalo é o domínio da função e pode ser escrito da seguinte maneira:

D = {x ∈ N | x ≤ 1 200}

É importante perceber que os conjuntos numéricos que estão sendo relacionados são os conjuntos dos números naturais e dos números reais.

Figura 1.10 – Relação entre conjuntos

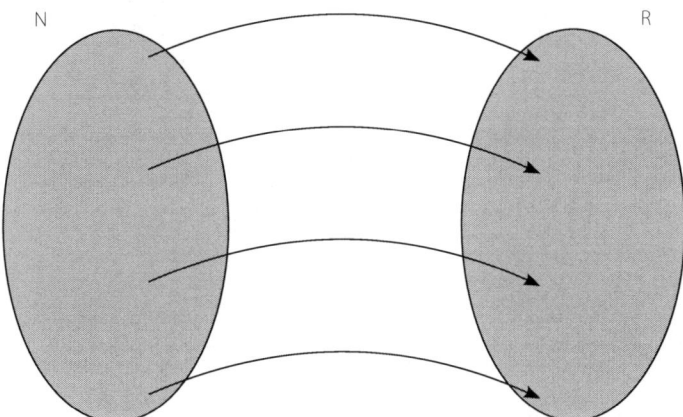

A imagem (Im) da função y = 40x são os valores que y pode assumir no conjunto dos números reais. Nesse caso, a imagem é um número natural que é múltiplo de 40, desde que esse múltiplo seja menor ou igual a 1 200. Assim, podemos escrever:

Im = {y ∈ N | y = 40x}

E o que seria o contradomínio (CD) da função?

Nesse exemplo, o contradomínio é o conjunto dos números reais R. O contradomínio de uma função é o segundo conjunto da relação. Se a função *y = 40x* for alterada, outros valores do contradomínio passam a fazer parte da imagem da nova função. Por exemplo: se o valor do ingresso for alterado para R$ 50,00, a imagem da nova função continua sendo um subconjunto do conjunto dos números reais R. Ou seja, um subconjunto do segundo conjunto da relação de N em R.

Logaritmos e funções

Exemplo 1.18

Dados os conjuntos A = {−1, 0, 1, 2} e B = {−2, −1, 0, 1, 2, 3, 4, 5}, devemos determinar o conjunto imagem da função f: A → B, definida por *f(x) = 2x + 1*. Além disso:

a) escrever o conjunto domínio (D) da função;
b) escrever o conjunto imagem (Im) da função;
c) escrever o conjunto contradomínio (CD) da função.

Resolução:

Vamos representar a relação usando o diagrama de Venn, conforme nos mostra a Figura 1.11.

Figura 1.11 — Conjuntos representados em um diagrama de Venn

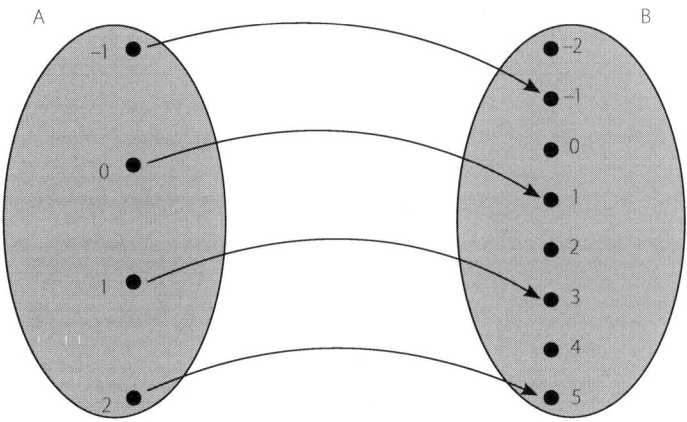

Assim, fica claro que:

D = A = {−1, 0, 1, 2}
Im = {−1, 1, 3, 5}
CD = B = {−2, −1, 0, 1, 2, 3, 4, 5}

1.7 Funções sobrejetora, injetora e bijetora

As funções podem ser classificadas como *sobrejetoras*, *injetoras* e *bijetoras*. Vamos utilizar os Diagramas de Venn para caracterizar cada uma delas.

- **Sobrejetora**: Uma função é dita *sobrejetora* se, e somente se, a sua imagem for igual ao seu contradomínio.

Figura 1.12 – Função sobrejetora

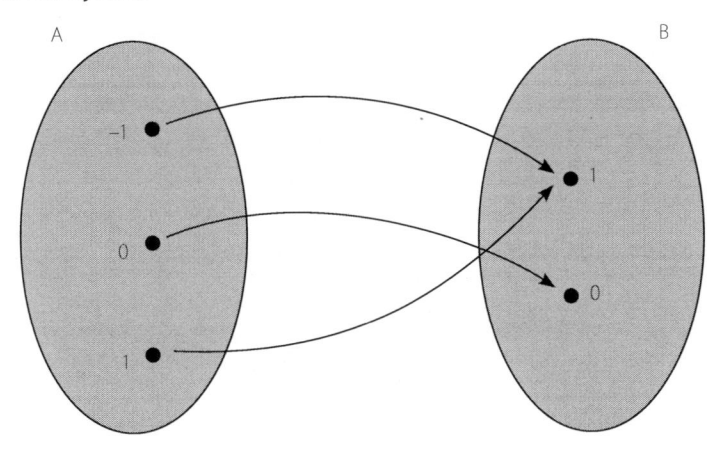

- **Injetora**: Uma função é dita *injetora* se, e somente se, para diferentes valores de *x* existirem diferentes valores de *y*.

Figura 1.13 – Função injetora

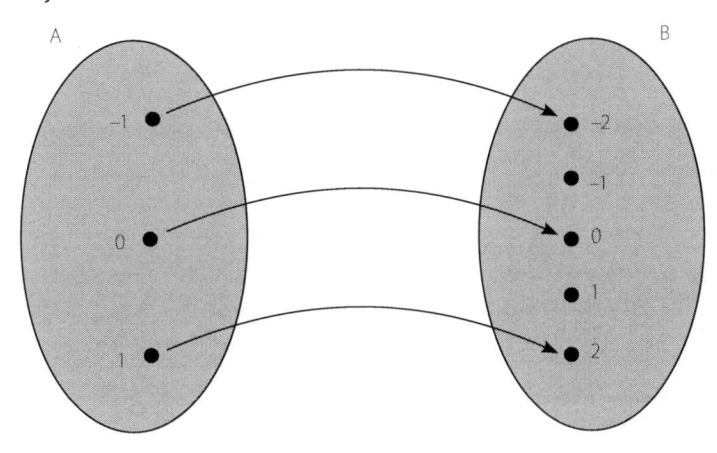

- **Bijetora**: Uma função é dita *bijetora* se, e somente se, ela for ao mesmo tempo sobrejetora e injetora.

Figura 1.14 – Função bijetora

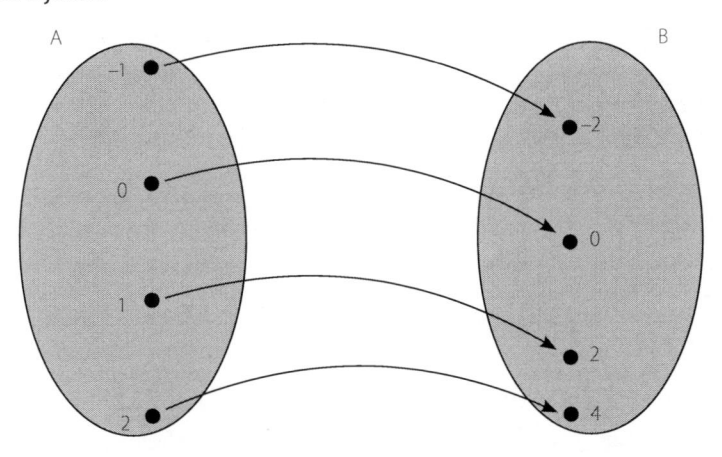

1.8 Estudo do domínio de uma função

Já sabemos que o domínio D de uma função é formado pelo conjunto de todos os valores possíveis da variável independente. O que não comentamos até agora é que o domínio pode ser dado de forma explícita ou implícita. Por exemplo:

Se for dada a função $f(x) = 5x + 6$ sem que o domínio seja explicitado, fica implícito que x pode assumir qualquer valor do conjunto dos números reais R. Nesse caso, simplesmente escrevemos:

$D = R$

Se for dada a mesma função $f(x) = 5x + 6$, com $0 < x \leq 15$, fica implícito que x pode ser qualquer número real maior do que zero e menor ou igual a 15. Sendo assim, escrevemos o domínio da seguinte forma:

$D = \{x \in R \mid 0 < x \leq 15\}$

Existem casos em que o domínio não está explicitado, porém a própria característica da função não permite que a variável independente assuma determinados valores. Vejamos os seguintes exemplos:

$$f(x) = \frac{2 + x}{4 - x}$$

Nesse caso, a variável independente pode assumir qualquer valor, desde que seja diferente de 4, pois, para $x = 4$, a função não existe, simplesmente porque não existe divisão por zero:

$$f(4) = \frac{2 + 4}{4 - 4} = \frac{6}{0} = \nexists$$

Não é possível dividir qualquer número por zero (faz sentido dividir 6 balas por zero crianças?). Assim, escrevemos o domínio da função da seguinte forma:

$D = \{x \in R \mid x \neq 4\}$

Vamos supor a seguinte hipótese:

$f(x) = \sqrt{x - 2}$

Aqui, a variável independente pode assumir somente valores que sejam maiores ou iguais a 2, pois para valores menores do que 2 teríamos de calcular uma raiz quadrada de um número negativo:

$f(1) = \sqrt{x - 2} = \sqrt{1 - 2} = \sqrt{-1}$

Essa raiz não existe para valores pertencentes ao conjunto dos números reais. No entanto, no conjunto dos números complexos, a raiz quadrada do número menos um (–1) é conhecida como o número imaginário *i*. Não vamos entrar ainda nesse conjunto, portanto, escrevemos o domínio da função da seguinte forma:

$$D = \{x \in R \mid x \geq 2\}$$

Exemplo 1.19
Vamos determinar o domínio das seguintes funções:

$$f(x) = \frac{x^2 + 2}{x - 5}$$

Resolução:
Nesse exemplo, x só não pode assumir o valor 5. Assim:

$$D = \{x \in R \mid x \neq 5\}$$

$$f(x) = \frac{x - 3}{x^2 - 4}$$

Resolução:
Aqui, existem duas possibilidades para que o denominador da função seja igual a zero:

$$x^2 - 4 = 0$$
$$x^2 = 4$$
$$x = \pm \sqrt{4}$$
$$x_1 = 2$$
$$x_2 = -2$$

Portanto, o domínio da função é dado por:

$$D = \{x \in R \mid x \neq 2 \text{ e } x \neq -2\}$$

$$f(x) = \frac{1}{\operatorname{sen} x}$$

Resolução:
Os valores de x que fazem com que o denominador seja igual a zero são:

$$\frac{\pi}{2};\ 3 \cdot \frac{\pi}{2};\ 5 \cdot \frac{\pi}{2};\ 7 \cdot \frac{\pi}{2};\ 9 \cdot \frac{\pi}{2};\ 11 \cdot \frac{\pi}{2};\ 13 \cdot \frac{\pi}{2} \ldots$$

E seus simétricos:

$$-\frac{\pi}{2};\ -3 \cdot \frac{\pi}{2};\ -5 \cdot \frac{\pi}{2};\ -7 \cdot \frac{\pi}{2};\ -9 \cdot \frac{\pi}{2};\ -11 \cdot \frac{\pi}{2};\ -13 \cdot \frac{\pi}{2} \ldots$$

Assim, podemos escrever o domínio da função da seguinte forma:

$D = \{x \in R \mid x \neq (2n - 1) \frac{\pi}{2}\} \to n \in Z$

$f(x) = \sqrt{3x - 6}$

Resolução:

Os valores que a variável independente pode assumir são os que fazem com que o radicando seja maior ou igual a zero. Assim:

$3x - 6 \geq 0$

$3x \geq 6$

$x \geq \frac{6}{3}$

$x \geq 2$

1.9 Gráficos de funções

É possível representar graficamente uma função em um sistema de coordenadas cartesianas:

> O gráfico da função $y = f(x)$ é o conjunto de todo os pontos $(x, f(x))$, com x pertencente ao domínio da função.

Representar graficamente as funções é vantajoso porque obtemos visualmente informações importantes sobre seu comportamento. Para a obtenção do gráfico de uma função, devemos:

a. colocar a função na forma explícita, se ainda não estiver; y é uma função explícita de x quando a função é expressa por uma equação resolvida em relação a y, ou seja, está na forma $y = f(x)$; caso contrário, estará na forma implícita: $f(x, y) = 0$;
b. determinar o domínio da função;
c. organizar um quadro de valores, atribuindo-se a x valores do domínio;
d. representar graficamente os pontos correspondentes aos valores determinados e passar por eles uma curva.

Exemplo 1.20

Represente graficamente a função $f: R \to R$ dada por $y = 2x - 1$.

Resolução:

Para essa representação, vamos construir uma tabela, atribuir valores para x e calcular os correspondentes valores de y.

> Ressaltamos que essa metodologia é indicada apenas para equações do primeiro grau, ou seja, para retas. Para as demais funções, há métodos mais seguros. Além disso, a escolha das variáveis não é aleatória.

Gráfico 1.2 – Representação gráfica da função y = 2x – 1

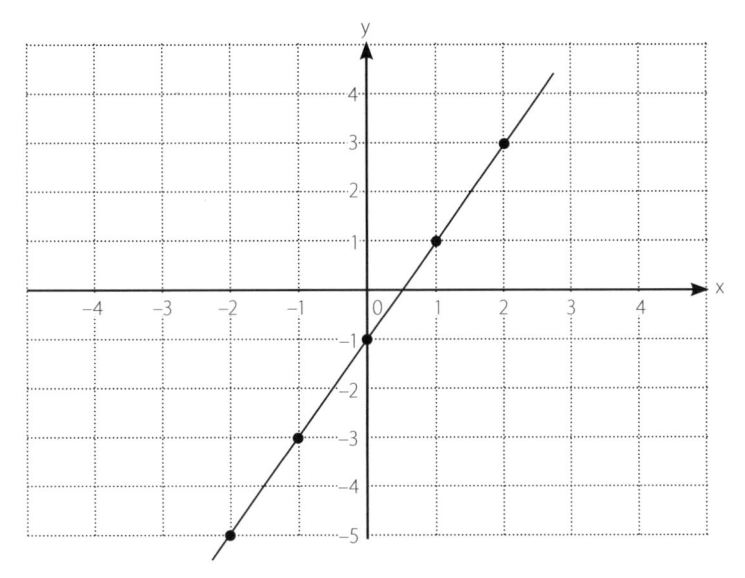

x	y = 2x – 1	Ponto
–2	y = 2 · (–2) –1 = –5	(–2, –5)
–1	y = 2 · (–1) –1 = –3	(–1, –3)
0	y = 2 · 0 –1 = –1	(0, –1)
1	y = 2 · 1 –1 = 1	(1, 1)
2	y = 2 · 2 –1 = 3	(2, 3)

Exemplo 1.21

Represente graficamente a função $f: R \to R$ dada por $y = x^2 + 1$.

Resolução:

Vamos construir uma tabela, atribuir valores para x e calcular os correspondentes valores de y.

Como praticidade, vamos determinar apenas 5 pontos para a construção do gráfico de uma parábola. No entanto, na prática, essa quantidade de pontos deverá ser bem maior.

Logaritmos e funções

Gráfico 1.3 – Representação gráfica da função $y = x^2 + 1$

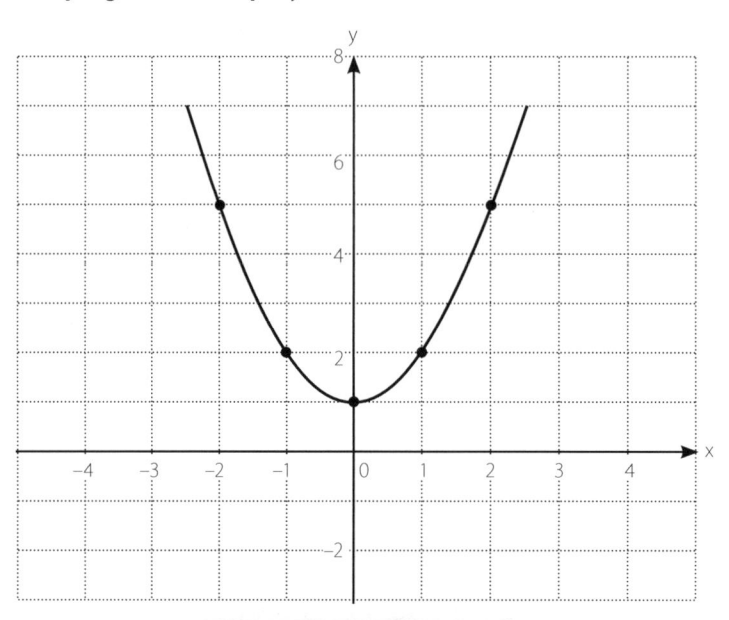

x	$y = x^2 + 1$	Ponto
-2	$y = (-2)^2 + 1 = 5$	(-2, 5)
-1	$y = (-1)^2 + 1 = 2$	(-1, 2)
0	$y = 0^2 + 1 = 1$	(0, 1)
1	$y = 1^2 + 1 = 2$	(1, 2)
2	$y = 2^2 + 1 = 5$	(2, 5)

1.10 Nem todo gráfico serve para representar uma função

Para que uma relação seja considerada uma função, é preciso que, para cada *x* pertencente ao domínio, exista um único *y* pertencente ao seu contradomínio. Para reconhecer essa condição em um gráfico, basta traçarmos diversas retas paralelas ao eixo *y* e verificarmos se cada uma dessas retas corta somente uma vez a curva do gráfico.

Importante!

Teste da linha vertical: Para verificar se um gráfico no plano cartesiano define *y* com uma função de *x*, traçamos uma linha vertical imaginária e observamos se ela cruza o gráfico em somente um ponto. Se ela cruzar em mais de um ponto, esse gráfico não define uma função (Demana et al., 2013).

Exemplo 1.22

Gráfico 1.4 – Teste da linha vertical quando a relação é uma função

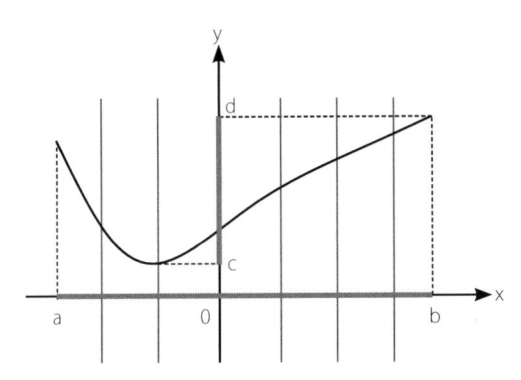

A curva representa a relação entre x e y e as linhas verticais são paralelas ao eixo y. Note que cada linha vertical corta a curva somente uma vez. Isso quer dizer que, para cada x do domínio existe um único y, ou seja, a relação se trata de uma função.

A linha horizontal sobre o eixo x representa o domínio da função compreendido entre $x = a$ até $x = b$. Já a linha vertical sobre o eixo y representa a imagem da função, compreendida entre $y = c$ e $y = d$.

Exemplo 1.23

Gráfico 1.5 – Teste da linha vertical quando a relação não é uma função

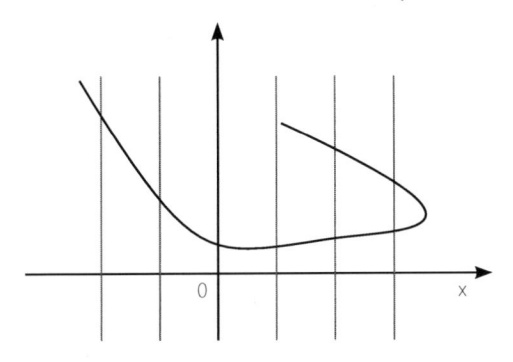

A curva representa a relação entre x e y. Note que, nesse caso, várias linhas verticais cortam a curva em dois pontos. Logo, para certos valores de x existe mais que um y, o que faz com que a relação não seja uma função.

1.11 Paridade de funções: par, ímpar ou nem par, nem ímpar

As funções podem ser classificadas em:

- par;
- ímpar;
- nem par, nem ímpar.

Uma função **par** é aquela que, para qualquer valor de x do seu domínio, ocorre:

$$f(x) = f(-x)$$

Logaritmos e funções

Por exemplo, a função $f(x) = x^2$ é par, pois atende a exigência anterior.

Gráfico 1.6 – Função par

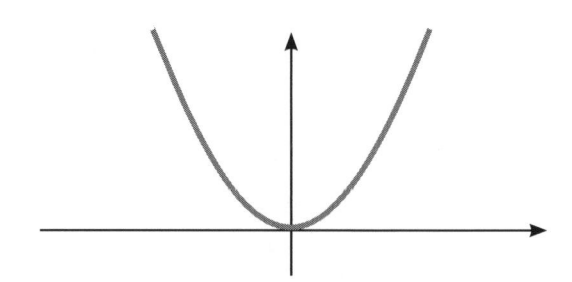

x	f(x)	x	f(−x)
1	$y = 1^2 = 1$	−1	$y = (-1)^2 = 1$
2	$y = 2^2 = 4$	−2	$y = (-2)^2 = 4$
3	$y = 3^2 = 9$	−3	$y = (-3)^2 = 9$
4	$y = 4^2 = 16$	−4	$y = (-4)^2 = 16$
5	$y = 5^2 = 25$	−5	$y = (-5)^2 = 25$

Podemos perceber que, para uma função par, o gráfico é simétrico em relação ao eixo y.

Importante!

Vale ressaltarmos que $f(1) = 1; f(-1) = 1$ e $f(2) = 4; f(-2) = 4$. No gráfico, há uma simetria em relação ao eixo y. As imagens dos domínios $x = 1$ e $x = -1$ são correspondentes com $y = 1$ e os domínios $x = 2$ e $x = -2$ formam pares ordenados com a mesma imagem $y = 4$. Para valores simétricos do domínio, a imagem assume o mesmo valor. A esse tipo de ocorrência damos a classificação de **função par**.

Uma **função ímpar** é aquela que, para qualquer valor de x do seu domínio, ocorre:

$$f(x) = -f(-x)$$

Por exemplo, a função $f(x) = 3x$ é ímpar, pois atende a essa exigência.

Gráfico 1.7 – Função ímpar

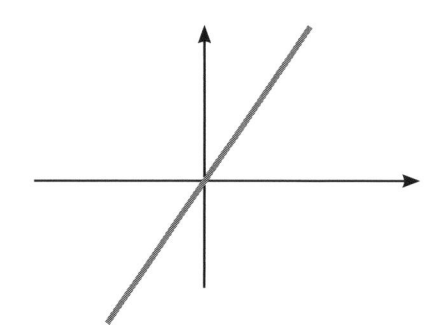

x	f(x)	x	−f(−x)
1	y = 3 · 1 = 3	−1	−y = −3 · (−1) = 3
2	y = 3 · 2 = 6	−2	−y = −3 · (−2) = 6
3	y = 3 · 3 = 9	−3	−y = −3 · (−3) = 9
4	y = 3 · 4 = 12	−4	−y = −3 · (−4) = 12
5	y = 3 · 5 = 15	−5	−y = −3 · (−5) = 15

Veja que, para uma função ímpar, o gráfico é simétrico em relação à origem dos eixos coordenados. Nesse sentido, quando uma função não atende a nenhuma das propriedades anteriores, é classificada como **nem par, nem ímpar**.

Importante!

Saber se uma função é par ou é ímpar ajuda sobremaneira em seu estudo, pois basta verificar o que acontece com os valores de x maiores que zero para, a partir da ideia de simetria, saber o que acontece com os valores de x menores que zero.

1.12 Funções crescentes e decrescentes

Agora, vamos responder intuitivamente: Qual das duas funções a seguir é crescente e qual é decrescente?

Gráfico 1.8 – Gráficos de funções crescente e decrescente

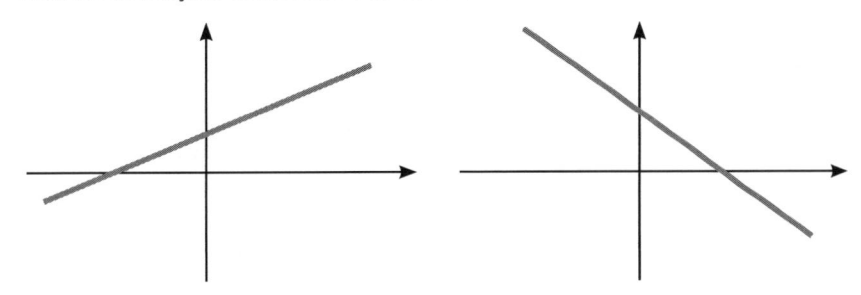

A maioria de nós deve ter respondido, e corretamente, que a primeira função é crescente e a segunda é decrescente.

Uma função é dita *crescente* quando, ao aumentarmos o valor de x, obtemos também um valor maior para f(x). Ao contrário, uma função é dita *decrescente* quando, ao aumentarmos o valor de x, obtemos um valor menor para f(x).

Exemplo 1.24

Verifique se a função $f(x) = 4x$ é crescente ou decrescente.

Resolução:

Vamos montar uma tabela para verificar o que acontece quando aumentamos os valores de x.

Tabela 1.5 – Análise da função f(x) = 4x

x	f(x)
−2	y = 4 · (−2) = −8
−1	y = 4 · (−1) = −4
0	y = 4 · 0 = 0
1	y = 4 · 1 = 4
2	y = 4 · 2 = 8

Quando aumentamos os valores de x, o valor de y também aumenta. Ou seja, é uma função crescente.

Exemplo 1.25

A função *f(x) = −x + 2* é crescente ou decrescente?

Resolução:

Vamos montar uma tabela para verificar o que acontece quando aumentamos os valores de x.

Tabela 1.6 – Análise da função f(x) = −x + 2

x	f(x)
−2	y = −(−2) + 2 = 4
−1	y = −(−1) + 2 = 3
0	y = −(0) + 2 = 2
1	y = −(1) + 2 = 1
2	y = −(2) + 2 = 0

Quando aumentamos os valores de x, o valor de y diminui. Ou seja, é uma função decrescente.

1.13 Funções compostas

Vamos considerar a seguinte situação: a comissão que a vendedora de uma loja de produtos infantis recebe é calculada pela seguinte função:

$$C(v) = \frac{3 \cdot v}{100}$$

Em que:

C → é a comissão.

v → é a venda diária.

A venda diária média, por sua vez, é uma função do número de horas que a loja fica aberta. Resultados mostraram que a função a seguir fornece uma boa aproximação, em reais, do volume de vendas que são realizadas diariamente na loja:

v(t) = 300t(1 − 0,02t)

que é o mesmo que:

$v(t) = 300t - 6t^2$

Como poderíamos calcular a comissão (C) que a vendedora receberia em um dia em que a loja ficasse aberta durante 10 horas?

Uma forma é substituir o tempo que a loja fica aberta na fórmula que fornece a venda diária média. Assim:

$v(t) = 300t - 6t^2$
$v(10) = 300 \cdot 10 - 6 \cdot (10)^2$
$v(10) = 2\,400$

Agora, para sabermos a comissão aproximada que a vendedora ganharia, basta substituirmos o valor da venda média diária na fórmula:

$C(v) = \dfrac{3 \cdot v}{100}$

$C(v) = \dfrac{3 \cdot 2\,400}{100}$

$C(v) = 72$

Ou seja, em um dia em que a loja permanece aberta por 10 horas, a comissão da vendedora seria de R$ 72,00, aproximadamente.

É possível estabelecer uma relação direta entre a comissão que a vendedora recebe e o tempo que a loja permanece aberta?

Sim, é possível, uma vez que a comissão é uma função do volume de vendas e o volume de vendas é uma função do tempo que a loja fica aberta.

$C(v) = \dfrac{3 \cdot v}{100}$

$v(t) = 300t - 6t^2$

$C(v(t)) = \dfrac{3 \cdot (300t - 6t^2)}{100}$

$C(v) = \dfrac{900t - 18t^2}{100}$

Vamos utilizar essa função para verificar se chegamos ao mesmo resultado anterior:

$C(v(10)) = \dfrac{900 \cdot 10 - 18 \cdot 10^2}{100}$

$C(v(10)) = 72,00$

O que acabamos de fazer pode ser representado por um diagrama de Venn, conforme nos mostra a Figura 1.15.

Logaritmos e funções

Figura 1.15 – Função composta representada em um diagrama de Venn

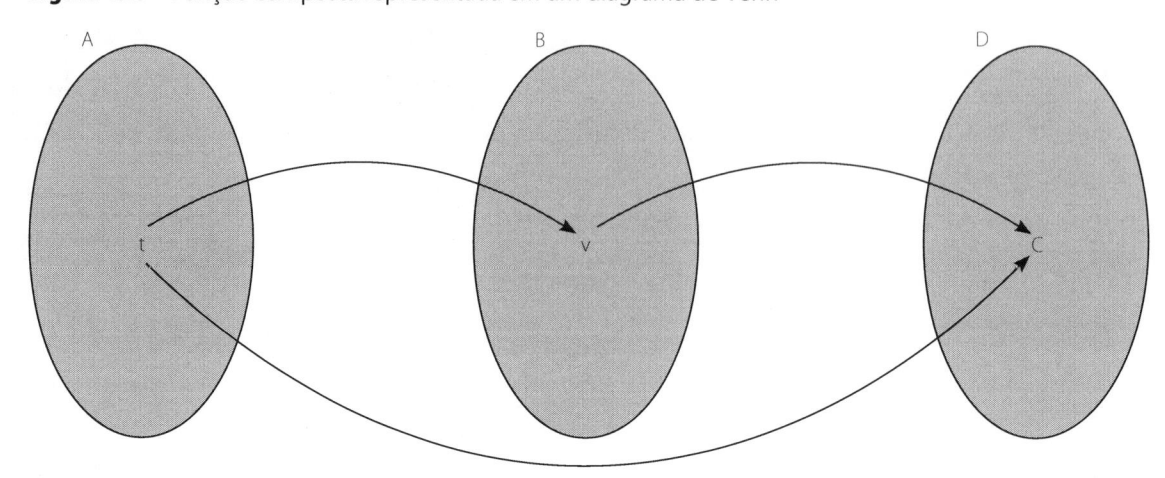

Ou seja, C é uma função de v, que, por sua vez, é uma função de t. Temos aqui um exemplo de função composta, também conhecida como **função de função**.

Para representar uma função composta, vamos utilizar a seguinte notação:

(g º f) (x) = g(f(x))

Nessa expressão, f é uma função de x e g é uma função de f.

Obs.: (g º f) → lê-se "g bola f", ou, simplesmente, "g é uma função composta de f e de x".

Exemplo 1.26

Um sítio possui área A e será dividido em 10 partes iguais, que serão quadrados de área y e lado x. Vamos expressar matematicamente:

a) a área A em função da área dos quadrados y;
b) a área y de cada quadrado em função do lado x;
c) a área A como uma função composta de y, ou seja, (A º y)(x).

Resolução:

a) Primeiro, escrevemos a área total do sítio em função do número de lotes y:

A(y) = 10y

b) Vamos agora escrever a área y de cada lote em função do lado x:

y(x) = x^2

c) Por fim, escrevemos a função composta (A º y)(x):

A(y(x)) 10x^2

Exemplo 1.27

Sejam as funções $f(x) = 3x + 2$ e $g(x) = x + 1$, vamos determinar:

a) $(g \circ f)(x) = g(f(x)) = g(3x + 2) = (3x + 2) + 1 = 3x + 3$
b) $(f \circ g)(x) = f(g(x)) = f(x + 1) = 3(x + 1) + 2 = 3x + 5$
c) $(f \circ f)(x) = f(f(x)) = f(3x + 2) = 3(3x + 2) + 2 = 9x + 8$
d) $(g \circ g)(x) = g(g(x)) = g(x + 1) = x + 1 + 1 = x + 2$

Exemplo 1.28

Determinaremos, agora, uma forma funcional composta para y, em que:

a) $y = (3x^2 + 2x)^{1/5}$

Resolução:

$u(x) = (3x^2 + 2x)$

$y(u) = u^{1/5}$

b) $y = \sqrt[3]{2x^4 - 64}$

Resolução:

$u(x) = (2x^4 - 64)$

$y(u) = \sqrt[3]{u}$

c) $y = \dfrac{1}{(2x^4 - 3)^3}$

Resolução:

$u(x) = (2x^4 - 3)$

$y = \dfrac{1}{u^3}$

d) $y = 1 + \sqrt{7x^4 + 3x^2 - 3}$

Resolução:

$u(x) = 7x^4 + 3x^2 - 3$

$y(u) = 1 + \sqrt{u}$

e) $y = (x^4 - 2x^2 + 5)^5$

Resolução:

$u(x) = x^4 - 2x^2 + 5$

$y(u) = u^5$

f) $y = \dfrac{1}{(2x^2 + 4x - 5)^2}$

Resolução:

$u(x) = 2x^2 + 4x - 5$

$y = \dfrac{1}{u^2}$

Exemplo 1.29

Uma caixa de alumínio com base retangular e com 60 cm de altura deve ter um volume de 120 l. Sendo x o comprimento da base e y a largura da base, vamos demonstrar:

a) y como função de x;
b) em função de x, a área total (A_t) de alumínio necessário.

Resolução:

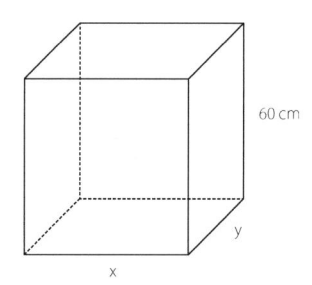

a) $V = 60xy = 120$

$y = \dfrac{120}{60x} = \dfrac{2}{x}$

b) $A_1 = 60x$

$A_2 = 60y$

$A_2 = \dfrac{60 \cdot 2}{x} = \dfrac{120}{x}$

$A_3 = xy$

$A_3 = x \cdot \dfrac{2}{x} = 2$

$A_t = 60x + 60x + \dfrac{120}{x} + \dfrac{120}{x} + 2 + 2$

1.14 Funções inversas

Considere as seguintes funções:

$f(x) = 2x$

$g(x) = \dfrac{x}{2}$

Ambas são definidas no domínio do conjunto dos números reais.

Primeiramente, vamos atribuir de modo arbitrário valores para x e calcular as correspondentes imagens pela função *f(x)*:

Tabela 1.7 – Determinação de pontos da função f(x) = 2x

x	f(x) = 2x
-2	-4
-1	-2
0	0
1	2
2	4

Agora, com os resultados obtidos, vamos calcular as imagens pela função *g(x)*:

Tabela 1.8 – Determinação de pontos da função $g(x) = \dfrac{x}{2}$

x	$g(x) = \dfrac{x}{2}$
-4	-2
-2	-1
0	0
2	1
4	2

Nas duas tabelas, podemos observar que a função *g(x)* faz com que a imagem de *y* retorne para os valores iniciais de *x* (vale ressaltarmos que a segunda coluna da tabela da função *g(x)* é igual à primeira coluna da função *f(x)*). Para os valores de *x* utilizados no exemplo, temos que:

- a função *f(x)* leva o valor −2 para −4, enquanto *g(x)* traz de volta o valor −4 para o valor −2;
- a função *f(x)* leva o valor −1 para −2, enquanto *g(x)* traz de volta o valor −2 para o valor −1;
- a função *f(x)* leva o valor 1 para 2, enquanto *g(x)* traz de volta o valor 2 para o valor 1;
- a função *f(x)* leva o valor 2 para 4, enquanto *g(x)* traz de volta o valor 4 para o valor 2;
- no caso do zero, ambas as funções são nulas.

Assim, podemos dizer que a função *g(x)* é a função inversa da função *f(x)*.

Figura 1.16 – Funções inversas

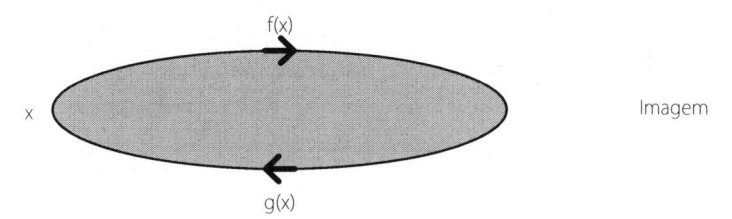

Logaritmos e funções

A figura mostra que quando os valores da imagem da função f(x) são calculados na função g(x), obtemos como retorno os valores de x inicialmente calculados na função f(x).

Comumente, representamos $g(x) = f^{-1}(x)$. Assim, no caso do exemplo anterior, temos:

f(x) = 2x

e

$f^{-1}(x) = \dfrac{x}{2}$

Para que uma função tenha uma outra inversa, ela precisa necessariamente ser bijetora, ou seja, o contradomínio tem de ser igual à sua imagem e cada elemento da imagem precisa ter um único valor correspondente no domínio f(x). Isso porque:

- se no contradomínio da função f(x) tivéssemos valores que não pertencem à sua imagem, quando fôssemos calcular a imagem da função g(x) utilizando esses valores, não teríamos como resultado valores que pertencem ao domínio de f(x);
- se tivéssemos dois valores de x para um único valor de f(x), quando fosse aplicada a função inversa, não seria possível determinar para qual x do domínio de f(x) a função inversa retornaria.

Para melhor compreensão, vamos analisar uma função que não seja bijetora.

Exemplo 1.30

Dada a função $f(x) = x^2 + 3$ definida no domínio dos números reais, vamos calcular os valores de x = −1 e x = 1:

x = −1 → f(x) = 4
x = 1 → f(x) = 4

Vale notarmos que o elemento 4 do contradomínio da função f(x) é imagem de dois elementos do seu domínio (x = −1 e x = 1). Se f(x) tivesse uma função inversa, o elemento 4 do domínio de g(x) teria duas imagens (x = −1 e x = 1), o que não caracterizaria uma função, pois, como já mencionamos, para que seja caracterizado como *função*, é necessário que cada elemento do domínio tenha uma única imagem.

Portanto, concluímos que a função $f(x) = x^2 + 3$ não tem uma função inversa.

Importante!

Essa notação de função inversa — $g(x) = f^{-1}(x)$ — não deve conflitar com a notação de fração recíproca ou inversa. A fração recíproca de a/b é b/a.

1.15 Determinação da função inversa

Quando a função é bijetora, ela é, portanto, invertível. Uma maneira rápida para obter a inversa de uma função é substituir a variável dependente pela independente na função original (note, nesse caso, que os gráficos de duas funções inversas são simétricos).

Exemplo 1.31
Calcule a função inversa da função $y = 5x - 2$.

Resolução:
Vamos substituir a variável dependente pela independente e vice-versa:

$y = 5x - 2$
$\downarrow \quad \downarrow$
$x = 5y - 2$

Agora, vamos isolar a variável y:

$5y = x + 2$

$y = \dfrac{x + 2}{5}$

Esta última é a função inversa da função $y = 5x - 2$.

Exemplo 1.32
Calcule a função inversa da função $y = \dfrac{2x + 3}{x}$.

Resolução:

$y = \dfrac{2x + 3}{x}$

Trocando as variáveis, obtemos:

$x = \dfrac{2y + 3}{y}$

$yx = 2y + 3$

$yx - 2y = 3$

$y(x - 2) = 3$

$y = \dfrac{3}{(x - 2)}$

Na função original, o domínio era:

$D = \{x \in \mathbb{R} \mid x \neq 0\}$

Na função inversa, o domínio é:

D = {x ∈ R | x ≠ 2}

Teste da reta horizontal: Dada uma função f(x), quando desejamos saber a sua função inversa, precisamos anteriormente descobrir se a função dada é injetora, ou seja, dado qualquer valor do conjunto Imagem (Im), há apenas um correspondente no conjunto Domínio (D). Isso é necessário porque, a partir do momento em que se realiza a inversão de funções, o conjunto Imagem da função original passa a ser o Domínio. Uma forma de descobrir se uma função é injetora ou não é esboçar o seu gráfico, traçar uma reta horizontal (paralela ao eixo x) e verificar se esta intersecta a curva em dois ou mais pontos.

Exemplo:
A função f(x) = x^2 não é injetora, pois a reta horizontal intersecta a curva em dois pontos. Ou seja, não há função inversa.

Gráfico 1.9 – Teste da reta horizontal

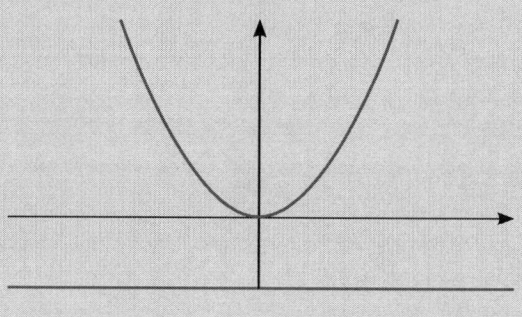

1.16 Funções polinomiais

Em *Teoria dos números e teoria dos conjuntos* (Leite; Castanheira, 2014c), primeiro volume desta coleção, estudamos o que são polinômios. Sendo assim, chamaremos de *funções polinomiais* aquelas funções que são expressas por um polinômio. Por exemplo:

y = $2x^2$ + 3x + 1

As funções polinomiais aparecem frequentemente em problemas relacionados ao nosso cotidiano. Reconhecer suas características é fundamental para a resolução de problemas de outras disciplinas, como Física e Química.

1.17 Grau de uma função polinomial

O grau de uma função polinomial é determinado pelo grau do polinômio que a representa, ou seja, pelo maior expoente da variável independente.

Exemplo 1.33

a) $y = 25x^0$ ou $y = 25 \rightarrow$ É uma função de grau zero, pois o expoente da variável independente é igual a zero.

b) $y = -x^0$ ou $y = -1 \rightarrow$ É uma função de grau zero.

c) $y = 2x + 1 \rightarrow$ É uma função de grau 1 (ou função do primeiro grau), pois o expoente da variável independente é igual a 1.

d) $y = x^2 + x + 3 \rightarrow$ É uma função de grau 2 (ou função do segundo grau), pois o maior expoente da variável independente é igual a 2.

e) $y = 4x^2 - 16 \rightarrow$ É uma função do segundo grau, pois o maior expoente da variável independente é igual a 2.

f) $y = 8x^5 + 9x + 1 \rightarrow$ É uma função de grau 5 (ou função de quinto grau), pois o maior expoente da variável independente é igual a 5.

g) $y = ax^n + bx^{n-1} + cx^{n-2} + ... + dx^{n-n} \rightarrow$ É uma função de grau n (ou função de enésimo grau), pois o maior expoente da variável independente é igual a n.

Vejamos alguns exemplos de problemas que podem ser equacionados utilizando-se funções polinomiais.

Exemplo 1.34

O comprimento de um livro retangular é 1,5 vezes maior que a sua largura. Sendo assim, estabeleça uma função para calcular a área da capa desse livro.

Resolução:

Vamos considerar que x é a largura do livro. Logo, o seu comprimento é:

$C = 1,5x$

Esta é uma função do primeiro grau.

Sabemos que a área de um retângulo é calculada multiplicando-se o lado menor pelo lado maior. Assim:

$A = x \cdot 1,5x$

$A = 1,5x^2$

Ou seja, a área da capa do livro é expressa por uma função do segundo grau.

Exemplo 1.35

Uma fábrica de sapatos tem um custo fixo mensal de R$ 10 mil. Para fabricar um par de sapatos, gasta-se, em média, R$ 15,00, sendo que cada par é vendido por R$ 35,00. Considerando que x é o número de sapatos vendidos mensalmente, vamos estabelecer:

Logaritmos e funções

a) a função custo;
b) a função receita;
c) a função lucro.

Resolução:

a) O custo total mensal C é uma função do número de pares de sapatos que serão vendidos e do custo fixo. Assim:

$C = 15x + 10\,000$

b) A receita R (a quantidade de dinheiro que vai entrar na empresa) depende somente do número de pares de sapatos vendidos. Assim:

$R = 35x$

c) O lucro L da empresa é equivalente à receita menos o custo. Assim:
$L = R - C$
$L = 35x - 15x - 10\,000$
$L = 20x - 10\,000$

Exemplo 1.36

Com base no exemplo anterior, vamos responder às seguintes questões:
a) Qual o custo para a fabricação mensal de 200 pares de sapatos?
b) Qual a receita gerada pela venda desses sapatos?
c) A empresa terá lucro ou prejuízo?
d) Qual a quantidade de pares de sapatos que deve ser fabricada e vendida para que a empresa não tenha nem lucro, nem prejuízo (ou seja, para que ela atinja o ponto de equilíbrio)?
e) Qual a quantidade de pares de sapatos que deve ser fabricada e vendida para que a empresa tenha um lucro de R$ 30 000,00?

Resolução:

a) O custo é calculado por:
$C = 15x + 10\,000$
$C = 15 \cdot 200 + 10\,000$
$C = 3\,000 + 10\,000$
$C = R\$\ 13\,000,00$

b) A receita é calculada por:
$R = 35x$
$R = 35 \cdot 200$
$R = R\$\ 7\,000,00$

c) O lucro é calculado por:

L = 20x − 10 000

L = 20 · 200 − 10 000

L = 4 000 − 10 000

L = −R$ 6 000,00

Ou seja, se a empresa fabricar e vender somente 200 pares de sapatos, terá um prejuízo de R$ 6 000.

d) Para calcular o ponto de equilíbrio, basta fazer o L = 0 na função lucro. Assim:

L = 20x − 10 000

0 = 20x − 10 000

20x = 10 000

$x = \dfrac{10\,000}{20} = 500$

Para que a empresa não tenha nem lucro, nem prejuízo, precisa fabricar e vender 500 pares de sapatos.

e) Novamente, podemos utilizar a função lucro:

L = 20x − 10 000

30 000 = 20x − 10 000

30 000 + 10 000 = 20x

40 000 = 20x

$x = \dfrac{40\,000}{20} = 2\,000$

Ou seja, para obter um lucro de R$ 30 000,00 é preciso fabricar e vender 2 000 pares de sapatos.

Exemplo 1.37

Roberval trabalha como vendedor em uma loja de eletrodomésticos. Seu salário é composto por duas partes: R$ 1 500,00 fixo e mais 5% sobre o valor das vendas que ele fizer durante o mês. Com base nesses dados, vamos:

a) construir uma função que permita calcular o salário de Roberval;

b) calcular o salário de Roberval em um mês em que ele vendeu R$ 60 000,00

c) calcular quanto Roberval precisa vender para que tenha um salário de R$ 6 000,00

Resolução:

a) A função que permite calcular o salário de Roberval é a seguinte:

y = 0,05x + 1 500

b) Para calcular o salário correspondente à venda de R$ 60 000,00 basta substituirmos este valor no lugar de x na função do item a:

y = 0,05 · 60 000 + 1 500

y = 3 000 + 1 500

y = R$ 4 500,00

c) Devemos substituir o valor R$ 6 000,00 no lugar de y:

y = 0,05x + 1 500

6 000 = 0,05x + 1 500

6 000 − 1 500 = 0,05x

4 500 = 0,05x

$x = \dfrac{4\,500}{0,05} = R\$\,90\,000,00$

Portanto, para ter um salário de R$ 6 000,00 Roberval precisa vender R$ 90 000,00 durante o mês em questão.

1.18 Função polinomial do primeiro grau

Sabemos que o grau de uma função polinomial é determinado pelo maior expoente da variável independente. Em uma função do primeiro grau, portanto, o expoente da variável é igual a 1. De modo geral, podemos representar uma função do primeiro grau da seguinte forma:

f(x) = ax + b

ou

y = ax + b

a e b são chamados de *coeficientes* e são números reais, sendo, necessariamente, $a \neq 0$. Vejamos alguns exemplos de função do primeiro grau:

y = f(x) = 3x + 2   →   a = 3 e b = 2

y = f(x) = − 5x + 6   →   a = − 5 e b = 6

$y = f(x) = -\dfrac{2}{3}x - 1$ → $a = -\dfrac{2}{3}\ e\ b = -1$

$y = f(x) = -\dfrac{2}{3}x - 1$ → $a = -\dfrac{2}{3}\ e\ b = -1$

$y = f(x) = -7 + \dfrac{1}{5}x$ → $a = \dfrac{1}{5}\ e\ b = -7$

y = f(x) = 6x   →   a = 6 e b = 0

Vale notarmos que, no último exemplo, o coeficiente é igual a zero. Quando isso acontece, a função do primeiro grau recebe o nome especial de *função linear*. Qualquer que seja a função linear, sempre que *x* for igual a zero, *y* também será igual a zero, ou seja:

$$y = f(0) = 0$$

Outro caso particular a ser considerado é quando *b* é igual a zero e *a* é igual a 1. Nesse caso, a função é chamada de *função identidade*:

$$y = f(x) = x$$

Nesse tipo de função, o valor de *y* será sempre igual ao valor do correspondente valor de *x*.

Exemplo 1.38

Vamos escrever uma função do primeiro grau, sabendo que:

$$f(1) = 4$$
$$f(20) = -53$$

Resolução:

A forma geral de uma função do primeiro grau é:

$$y = f(x) = ax + b$$

Sabemos que, quando *x = 1*, *y = 4*, e quando *x = 20*, *y = −53*. Substituindo essas informações na forma geral da função do primeiro grau, vamos obter o seguinte sistema:

$$f(1) = a \cdot 1 + b = 4$$
$$f(20) = a \cdot 20 + b = -53$$

Agora, vamos utilizar método da adição para resolver esse sistema[1]:

$$\begin{cases} a + b = 4 \\ 20a + b = -53 \end{cases}$$

Exemplo 1.39

Dada a função $f(x) = 5x + \dfrac{3}{4}$, determine:

a) $f\left(\dfrac{1}{2}\right)$

b) $f\left(\dfrac{3}{4}\right)$

---

1 Para relembrar, consulte o segundo volume desta coleção, *Equações e regras de três* (Leite; Castanheira, 2014a).

Logaritmos e funções

Resolução:

a) $f\left(\dfrac{1}{2}\right) = 5 \cdot \dfrac{1}{2} + \dfrac{3}{4}$

$f\left(\dfrac{1}{2}\right) = \dfrac{5}{2} + \dfrac{3}{4}$

$f\left(\dfrac{1}{2}\right) = \dfrac{10}{4} + \dfrac{3}{4} = \dfrac{13}{4}$

b) $f\left(\dfrac{3}{4}\right) = 5 \cdot \dfrac{3}{4} + \dfrac{3}{4}$

$f\left(\dfrac{3}{4}\right) = \dfrac{15}{4} + \dfrac{3}{4} = \dfrac{18}{4} = \dfrac{9}{2} = 4{,}5$

Exemplo 1.40

Daniel Gabriel Fahrenheit propôs, para medir a temperatura, uma escala na qual o ponto de fusão da água é 32 °F e o ponto de ebulição é 212 °F. Anders Celsius, por sua vez, propôs uma escala em que o ponto de fusão da água é 0 °C e o ponto de ebulição é 100 °C. A função de primeiro grau que relaciona[2] a escala Celsius com a escala Fahrenheit é dada por:

$$F = \dfrac{9C}{5} + 32$$

Em que F é a temperatura na escala Fahreinheit e C é a temperatura na escala Celsius.
Sendo assim:

a) Qual a temperatura correspondente na escala Fahrenheit quando a leitura na escala Celsius é 30 °C?

b) Quando a leitura da escala Fahrenheit é −49 °F, qual a leitura correspondente na escala Celsius?

c) Em qual temperatura a leitura nas duas escalas é equivalente?

Resolução:

a) $F = \dfrac{9 \cdot 30}{5} + 32$

$F = 54 + 32 = 86\ ^\circ F$

---

[2] É possível estabelecer infinitas funções que relacionam as escalas Celsius e Fahrenheit. No entanto, a mais usada e mais reduzida é a que é apresentada nesta obra.

b) $-49 = \dfrac{9C}{5} + 32$

$-49 - 32 = \dfrac{9C}{5}$

$-81 = \dfrac{9C}{5}$

$-81 \cdot 5 = 9C$

$-405 = 9C$

$C = \dfrac{-405}{9} = -45\ °C$

Vamos supor que x seja a temperatura em que a leitura nas duas escalas é equivalente. Assim:

$x = \dfrac{9x}{5} + 32$

$x - \dfrac{9x}{5} = 32$

$\dfrac{5x}{5} - \dfrac{9x}{5} = 32$

$-\dfrac{4x}{5} = 32$

$-4x = 160$

$x = -40°$

1.18.1 Gráfico de uma função polinomial do primeiro grau

Como já mencionamos, é possível representar as funções por meio de gráficos desenhados em um sistema de coordenadas cartesianas. Tendo conhecimento da função que relaciona as duas variáveis (uma independente e outra dependente), basta atribuirmos valores para uma delas e, por meio da função, calcular o correspondente valor da outra.

Considerando a variável independente x e a dependente y, podemos calcular vários pontos (x, y), de modo que a representação do conjunto de todos eles no plano cartesiano nos forneça o gráfico da função, que no caso de uma função do primeiro grau será sempre uma reta. **Nesse caso, para uma reta, basta representarmos dois pontos**.

Exemplo 1.41

Vamos construir o gráfico da função $y = x + 2$:

Logaritmos e funções

Grafico 1.10 – Pontos do gráfico da função y = x + 2

x	y
−3	−1
−2	0
−1	1
0	2
1	3
2	4
3	5

Os valores de y que foram calculados na tabela à direita foram marcados no plano cartesiano que está à esquerda. Atribuímos valores inteiros para a variável x. No entanto, uma vez que o domínio da função y = x + 2 é D = R, ou seja, que o valor de x pode ser qualquer valor pertencente ao conjunto dos números reais, poderíamos atribuir qualquer outro valor, racional ou irracional, e obter o correspondente valor de y.

Sendo assim, é possível concluir que, entre dois números consecutivos, x e x + 1, existem infinitos outros números, assim como entre f(x) e f(x + 1) podem existir também infinitos valores correspondentes. Logo, podemos traçar a curva (no caso da função do primeiro grau, uma reta) **unindo** os pontos.

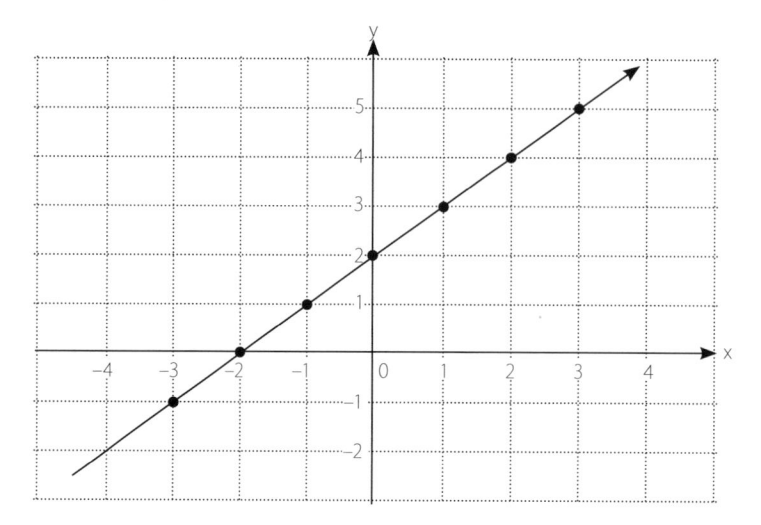

Gráfico 1.10 – Gráfico da função y = x + 2

Exemplo 1.42

O Gráfico 1.11 é de uma função do primeiro grau. Qual é a função?

Gráfico 1.11 – Determinação da função de um gráfico dado

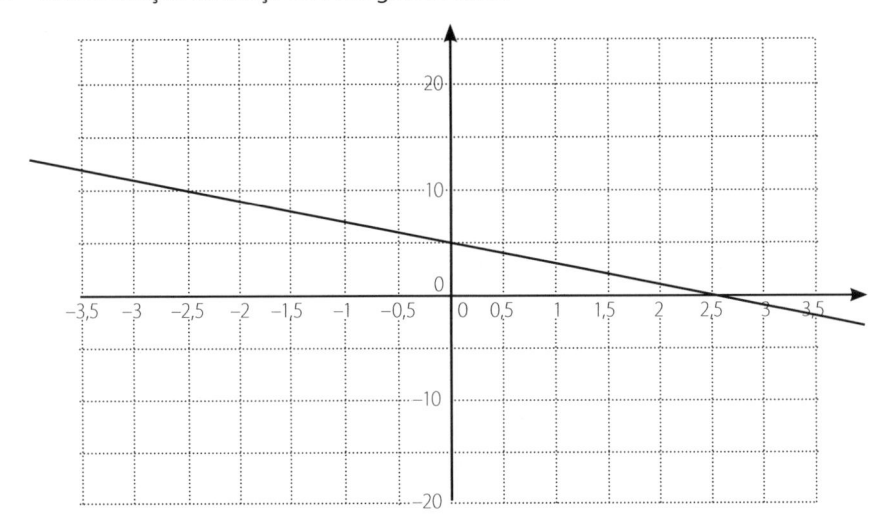

Resolução:

É possível identificar dois pontos importantes no gráfico:

x	y
0	5
2,5	0

Vamos substituir esses pontos na forma geral de uma função do primeiro grau:

f(x) = ax + b
f(0) = a · 0 + b = 5
b = 5

e

f(2,5) = a · 2,5 + 5 = 0

$a = \dfrac{-5}{2,5} = -2$

Assim, a função representada no gráfico é:
y = −2x + 5

Exemplo 1.43

A posição em função do tempo de um objeto que se move com velocidade constante é dada por:

$S(t) = S_0 + vt$

Em que:

S é a posição do objeto no instante de tempo t;

S_0 é a posição inicial do objeto;

v é a velocidade do objeto.

O Gráfico 1.12 representa as funções de dois objetos que se movem com velocidade constante. Vamos retirar do gráfico as funções de cada um dos objetos.

Gráfico 1.12 – Funções de dois objetos que se movem com velocidade constante

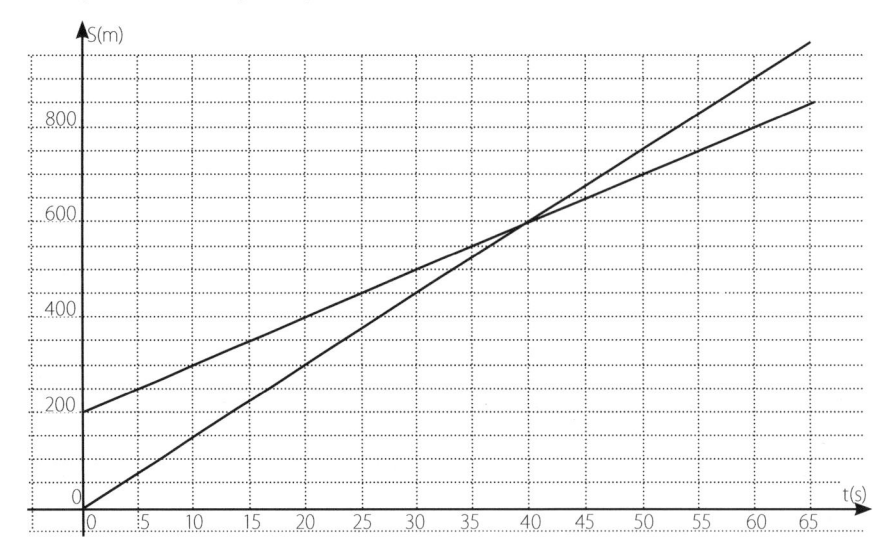

Resolução:

Cada uma das funções é representada por uma reta. Para calcular cada uma delas, basta conhecer os valores da variável independente (o tempo) e os correspondentes valores da variável dependente (a posição). Ressaltamos que, no instante de tempo $t = 0$, um dos objetos está na posição 0 m e o outro está na posição 200 m.

Tabela 1.9 – Determinação das funções de dois objetos que se movem com velocidades constantes

Objeto 1	Objeto 2
$S(t) = S_0 + vt$	$S(t) = S_0 + vt$
$S(0) = S_0 + v \cdot 0 = 0$	$S(0) = S_0 + v \cdot 0 = 200$
$S_0 = 0$ m	$S_0 = 200$ m
Logo:	Logo:
$S(t) = vt$	$S(t) = 200 + vt$

Para que cada uma das funções fique bem definida, temos de exprimir a velocidade de cada um dos objetos. Para isso, basta tomarmos mais um ponto conhecido do gráfico e substituirmos nas funções. Lembrando que, no instante de tempo 40 s, a posição dos dois objetos está bem definida e vale 600 m. Vamos utilizar essa informação e substituir nas funções de cada um deles.

Tabela 1.10 – Determinação da função que descreve o movimento de dois objetos com velocidades constantes

Objeto 1	Objeto 2
$S(40) = v \cdot 40 = 600$	$S(40) = 200 + v \cdot 40 = 600$
$v = \dfrac{600}{40} = 15$ m/s	$v = \dfrac{600 - 200}{40} = 10$ m/s
Portanto, a função que descreve o movimento do objeto 1 é: $S(t) = 15t$	Portanto, a função que descreve o movimento do objeto 2 é: $S(t) = 200 + 10t$

Exemplo 1.44

Vamos calcular a distância entre os objetos do exemplo anterior no instante de tempo 100 s.

Resolução:

Basta calcularmos a posição de cada um dos objetos no instante 100 s e, em seguida, subtrair uma da outra:

Tabela 1.11 – Determinação da distância entre dois objetos com velocidades constantes

Objeto 1	Objeto 2
$S(t) = 15t$	$S(t) = 200 + 10t$
$S(100) = 15 \cdot 100$	$S(100) = 200 + 10 \cdot 100$
$S(100) = 1\,500$ m	$S(100) = 1\,200$ m

Portanto, a distância entre os dois objetos no instante de tempo 100 s é de 300 m.

Exemplo 1.45[3]

Em determinado país, no ano de 1985, o gasto governamental com educação, por aluno, nas escolas públicas, foi de 3 000 dólares; em 1993, o mesmo gasto foi de 3 600 dólares. Admitindo que o gráfico do gasto por aluno em função do tempo seja constituído de pontos de uma reta, responderemos às seguintes questões:

a) Qual a lei que descreve o gasto por aluno (y) em função do tempo (x), considerando $x = 0$ para o ano de 1985, $x = 1$ para o ano de 1986, $x = 2$ para o ano de 1987, e assim por diante?

b) Em que ano o gasto por aluno será o dobro do que era em 1985?

---

3 Adaptado de FGV-SP (1997).

Resolução:

Com os dados fornecidos pelo enunciado, vamos montar uma tabela.

Tabela 1.12 – Determinação do gasto por aluno (y) em função do tempo (x)

Ano	x	y
1985	0	3 000
1986	1	
1987	2	
1988	3	
1989	4	
1990	5	
1991	6	
1992	7	
1993	8	3 600

a) Sabemos que quando $x = 0$, $y = 3\,000$, e quando $x = 8$, $y = 3\,600$. Sabemos também que o gráfico é uma reta. Assim:

$y = f(x) = ax + b$

$f(0) = a \cdot 0 + b = 3\,000$

$b = 3\,000$

$f(8) = a \cdot 8 + 3\,000 = 3\,600$

$a = \dfrac{3\,600 - 3\,000}{8} = 75$

Portanto, a função que representa o gasto por aluno em educação no país em questão é dada por:

$y = 75x + 3\,000$

b) Para sabermos o ano em que o gasto por aluno será o dobro do que era em 1985, basta dobrarmos o valor do gasto em 1985 e substituirmos na função que acabamos de calcular:

$6\,000 = 75x + 3\,000$

$\dfrac{6\,000 - 3\,000}{75} = x$

$x = 40$

Esse valor de x corresponde ao ano de 2025 (1985 + 40), ou seja, nesse ano, o gasto por aluno em educação será de 6 000 dólares.

1.18.2 Crescimento e decrescimento de funções do primeiro grau

Já estudamos o crescimento e o decrescimento de funções de um modo geral. No caso específico de uma função do primeiro grau, é possível dizer se ela é crescente ou decrescente simplesmente analisando o sinal do coeficiente *a* da variável *x*. Vejamos os gráficos das funções a seguir.

$y = 3x + 2$

Gráfico 1.13 – Representação da função $y = 3x + 2$

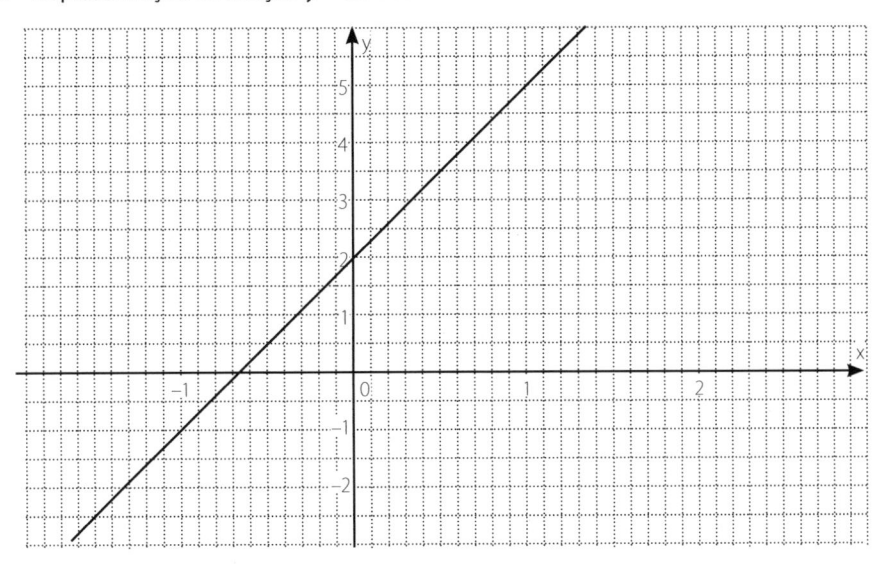

$y = -3x + 2$

Gráfico 1.14 – Representação da função $y = -3x + 2$

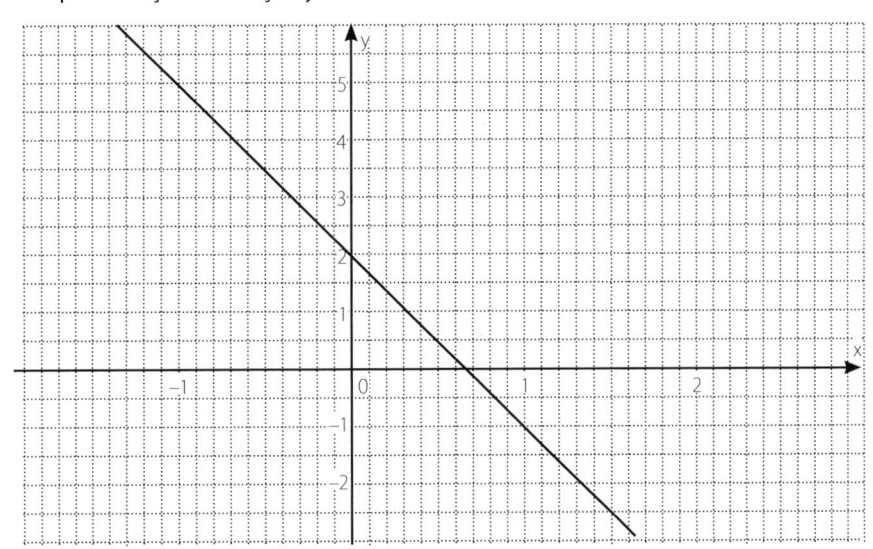

O que difere uma função da outra é o **sinal** do coeficiente a. Na função correspondente ao primeiro gráfico ($y = 3x + 2$), o coeficiente a é positivo e igual a 3. Se aumentarmos os valores atribuídos à variável x, os valores da imagem y também aumentam, o que, como já sabemos, caracteriza uma função **crescente**.

Na segunda função ($y = -3x + 2$), o coeficiente a é negativo e igual a −3. Se aumentarmos os valores atribuídos à variável x, os valores da imagem y diminuem, o que caracteriza uma função **decrescente**.

Logaritmos e funções

Em uma função do 1º grau, temos que a taxa de variação é dada pelo coeficiente *a*, e essa mesma função respeita a seguinte lei de formação da função: f(x) = ax + b, em que a e b são números reais e a ≠ 0. A taxa de variação da função é dada pela seguinte expressão:

a = (f(x + h) − f(x))/h

Por meio de uma demonstração, vamos provar que a taxa de variação da função f(x) = 2x + 3 é dada por 2:

f(x) = 2x + 3
f(x + h) = 2(x + h) + 3 → f(x + h) = 2x + 2h + 3 (h ≠ 0)

Dessa forma, temos que:

f(x + h) − f(x) = 2x + 2h + 3 − (2x + 3)
f(x + h) − f(x) = 2x + 2h + 3 − 2x − 3
f(x + h) − f(x) = 2h

Então:

a = (f(x + h) − f(x))/h → a = 2h/h → a = 2

Observe que, após a demonstração, constatamos que a taxa de variação pode ser calculada diretamente, identificando-se o valor do coeficiente a na função dada. Por exemplo, nas funções a seguir, a taxa de variação é dada por:

f(x) = −3x + 4, taxa de variação a = −3
f(x) = 8x + 7, taxa de variação a = 8

Como segundo exemplo, vamos provar que a taxa de variação da função f(x) = −0,3x + 6 é dada por −0,3:

f(x) = −0,3x + 6
f(x + h) = −0,3(x + h) + 6 → f(x + h) = −0,3x − 0,3h + 6
f(x + h) − f(x) = −0,3x − 0,3h + 6 − (−0,3x + 6)
f(x + h) − f(x) = −0,3x − 0,3h + 6 + 0,3x − 6
f(x + h) − f(x) = −0,3h

Então:

$$a = \frac{(f(x + h) - f(x))}{h} \rightarrow a = \frac{(-0,3h)}{h} \rightarrow a = -0,3$$

De modo geral, a fim de estabelecermos uma regra para definir se uma função do primeiro grau é crescente ou decrescente, podemos estipular a seguinte relação para o sinal do coeficiente *a*:

a > 0 → f(x) = ax + b é crescente
a < 0 → f(x) = ax + b é decrescente

Essa diferença está mostrada no gráfico a seguir.

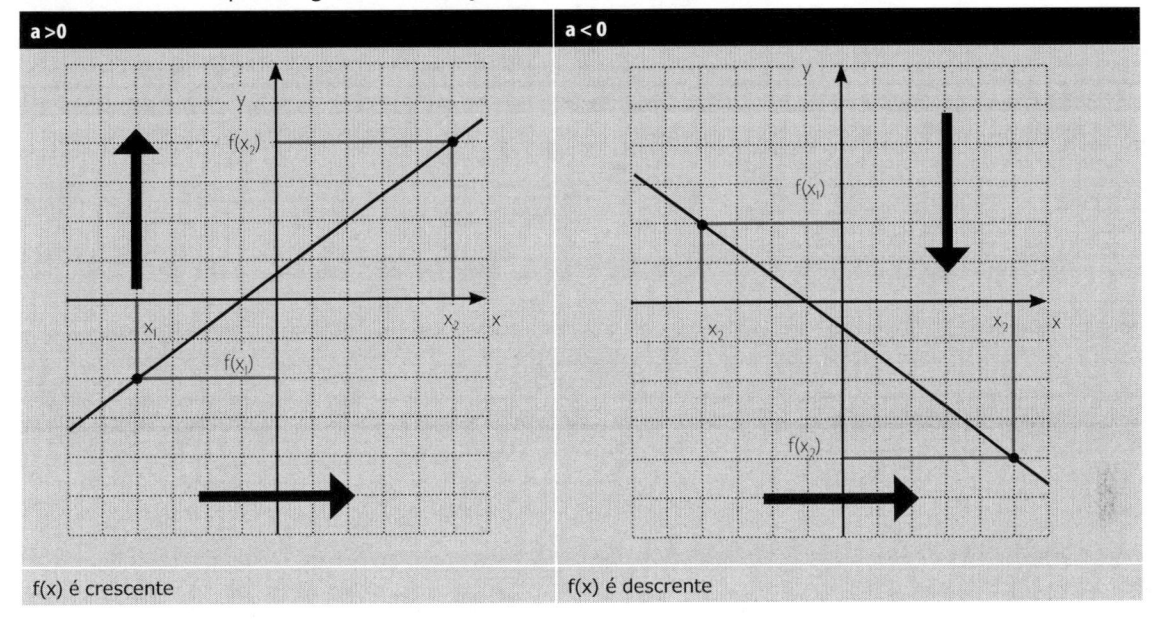

Gráfico 1.15 – Exemplos de gráficos de funções crescentes e decrescentes

a > 0	a < 0
f(x) é crescente	f(x) é descrente

1.18.3 Zero ou raiz de uma função do primeiro grau

Zero, ou raiz de uma função do primeiro grau ($y = f(x) = ax + b$), é o valor de x que faz com que a função seja igual a zero, ou seja,

$$y = f(x) = 0$$

Exemplo 1.46

Calcule a raiz ou zero da função $f(x) = 5x + 20$.

Resolução:

Temos de calcular qual é o valor de x que anula a função. Para isso, basta igualar a função a zero:

$5x + 20 = 0$

$5x = -20$

$x = \dfrac{-20}{5} = -4$

Ou seja, $x = -4$ é o valor que torna a função igual a zero. Se substituirmos o resultado na função, o resultado será zero:

$f(x) = 5(-4) + 20$

$f(x) = -20 + 20 = 0$

Se fizermos a interpretação geométrica, verificaremos que o zero ou raiz de uma função é a abscissa do ponto em que a curva (no caso de uma função do primeiro grau, a reta) corta o eixo x.

Logaritmos e funções

Gráfico 1.16 – Interpretação geométrica da função f(x) = 5x + 20

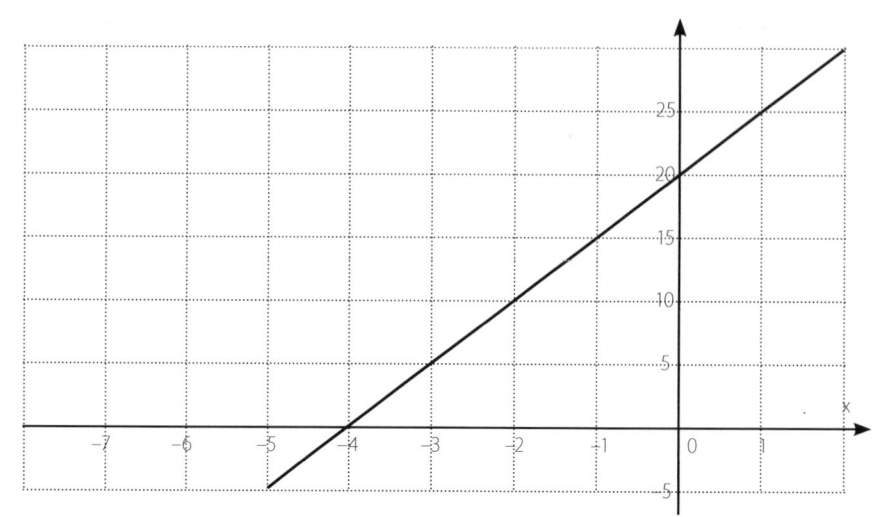

Vale notarmos que a reta corta o eixo x exatamente em x = −4.

Da mesma forma que calculamos o valor de x que anula a função do primeiro grau, podemos calcular quais são os valores de x que fazem com que a função seja maior que zero (f(x) > 0) e menor que zero (f(x) < 0). Vamos fazer isso para a função que utilizamos para desenvolver o gráfico anterior:

$5x + 20 > 0$

$5x > -20$

$x > \dfrac{-20}{5}$

$x > -4$

Ou seja, os valores de x maiores que −4 fazem com que a função seja positiva (f(x) > 0). Logo, os valores de x menores que −4 fazem com que a função seja negativa (f(x) < 0).

Exemplo 1.47

Dada a função f(x) = −2x − 50, calcularemos a sua raiz ou zero e para quais valores de x a função é positiva.

Resolução:

$f(x) = -2x - 50 = 0$

$-2x = 50$

$x = \dfrac{50}{-2} = -25$

Já sabemos que a reta corta o eixo x em $x = -25$. Agora, vamos verificar quais são os valores para os quais a função é positiva:

$-2x - 50 > 0$

$-50 > 2x$

$\dfrac{-50}{2} > x$

$-25 > x$

A função é positiva para os valores de x que são menores que -25. De fato, isso fica claro ao analisarmos a seguir o gráfico da função.

Gráfico 1.17 – Determinação dos valores para os quais a função $f(x) = -2x - 50$ é positiva

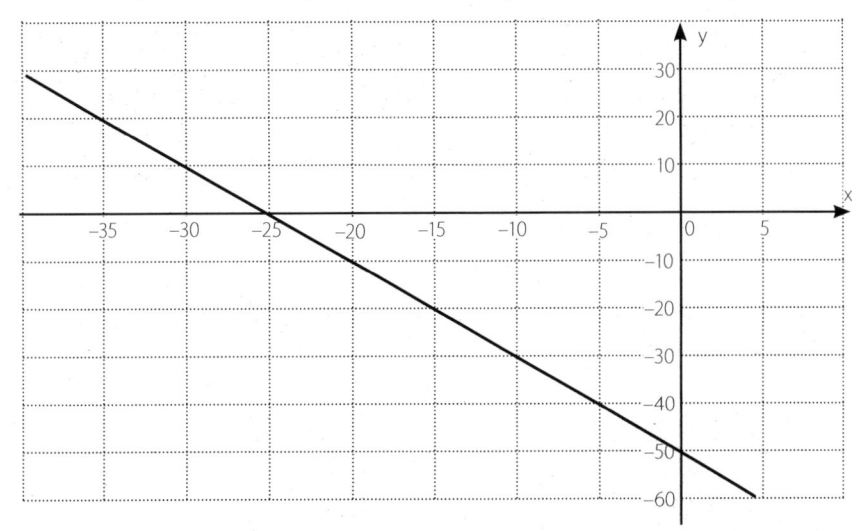

Exemplo 1.48

O lucro líquido de determinada indústria pode ser calculado pela função $f(x) = 5x - 1\,500$, em que x é a quantidade de unidades produzidas e vendidas do produto que nela é fabricado. Nesse sentido, vamos determinar a quantidade mínima de unidades que devem ser produzidas e vendidas para que a empresa tenha lucro.

Resolução:

Primeiramente, faremos o gráfico que representa a função.

Gráfico 1.18 – Representação gráfica da função $f(x) = 5x - 1\,500$

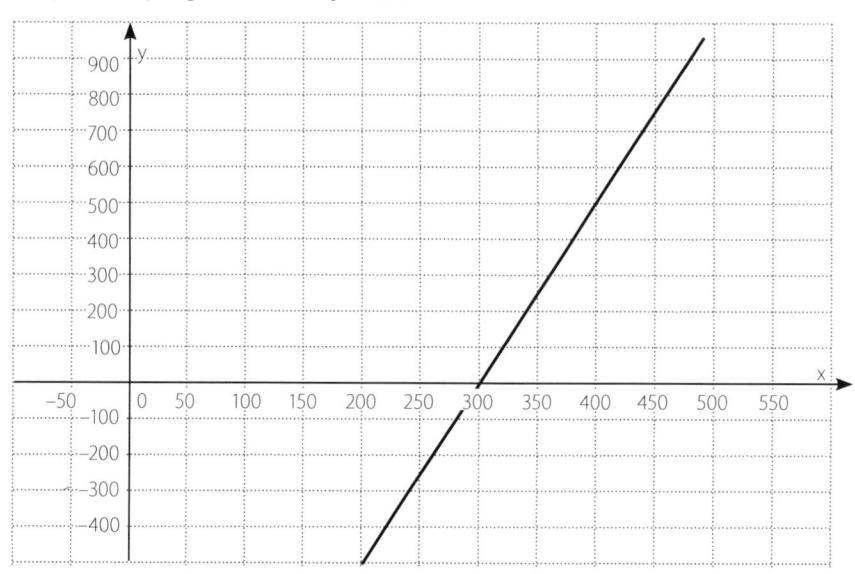

Por meio do gráfico, fica fácil perceber que a indústria passará a ter lucro a partir da produção e venda de 300 unidades, ou seja, para valores de x maiores que 300. Podemos demonstrar isso resolvendo a seguinte inequação:

$5x - 1\,500 > 0$

$5x > 1\,500$

$x > \dfrac{1\,500}{5}$

$x > 300$

1.19 Função polinomial do segundo grau ou função quadrática

Uma função definida por f: R → R, definida por $f(x) = ax^2 + bx + c$, sendo a, b e c constantes reais com $a \neq 0$, é chamada de *função polinomial do segundo grau* ou *função quadrática*, e as constantes a, b e c são chamadas de *coeficientes da função*. É importante notar que, se o coeficiente a for igual a zero, temos na verdade uma função do primeiro grau. Por isso, necessariamente precisa ser diferente de zero. Vejamos alguns exemplos de funções polinomiais do segundo grau:

$y = f(x) = x^2 + 2x + 3$ → coeficientes: $a = 1$, $b = 2$, $c = 3$

$y = f(x) = -2x^2 + x - 7$ → coeficientes: $a = -2$, $b = 1$, $c = -7$

$y = f(x) = -x^2 - 25$ → coeficientes: $a = -1$, $b = 0$, $c = -25$

$y = f(x) = 5x^2 + 30x$ → coeficientes: a = 5, b = 30, c = 0

$y = f(x) = -10x^2$ → coeficientes: a = -10, b = 0, c = 0

Importante!

Se não houver restrições, o domínio de uma função do segundo grau é o conjunto dos números reais (R). É válido destacarmos que as restrições somente aparecem quando a função está associada a um problema real específico.

Exemplo 1.49

Um retângulo tem lados x e $2x$. Calcule o perímetro do retângulo, sabendo que a sua área é igual a 98 cm².

Resolução:

A função que representa a área do retângulo é dada por:

$A(x) = 2x \cdot x$

$A(x) = 2x^2$

Como sabemos que a área é igual a 98 cm², podemos calcular o valor de x:

$2x^2 = 98$

$x^2 = \dfrac{98}{2} = 49$

$x = \sqrt{49} = 7$ cm

Sabemos que o perímetro de um retângulo é a soma do comprimento de seus lados. Logo:

Figura 1.17 – Retângulo de lados x e 2x

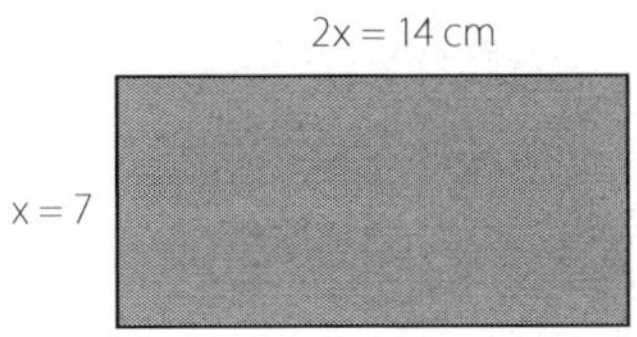

$P = x + x + 2x + 2x = 6x$

$P = 6 \cdot 7 = 42$ cm

Exemplo 1.50

Escreveremos a lei de formação da função do segundo grau em que:

$f(0) = 3$

$f(1) = 4$

$f(-1) = 6$

Resolução:

Para solucionar o problema, devemos considerar a forma geral de uma função do segundo grau:

$f(x) = ax^2 + bx + c$

Nesse caso, sabemos que:

$f(0) = a \cdot 0^2 + b \cdot 0 + c = 3$

Ou seja,

$c = 3$

Utilizando esse dado com os dois outros fornecidos no enunciado, obtemos o seguinte sistema:

$f(1) = a \cdot 1^2 + b \cdot 1 + 3 = 4$

$f(-1) = a \cdot (-1)^2 + b \cdot (-1) + 3 = 6$

$\begin{cases} a + b = 1 \\ a - b = 3 \end{cases}$

Para resolver esse sistema, podemos utilizar o método da adição – estudado em *Equações e regras de três* (Leite; Castanheira, 2014a), segundo volume desta Coleção:

$2a = 4$

$a = \dfrac{4}{2} = 2$

Substituindo esse resultado em uma das equações do sistema (vamos substituir na primeira), obtemos:

$b = 1 - 2$

$b = -1$

Agora, temos todos os valores dos coeficientes da equação do segundo grau:

$a = 2$

$b = -1$

$c = 3$

Logo, podemos escrever a lei de formação da função:

$f(x) = 2x^2 - x + 3$

Exemplo 1.51

A posição em função do tempo de um objeto que se move com aceleração constante e diferente de zero é dada por:

$$S(t) = S_0 + v_0 t + \frac{at^2}{2}$$

Em que:

S_0 é a posição inicial do objeto (em metros);

v_0 é a velocidade inicial do objeto (em metros por segundo);

a é a sua aceleração (em metros por segundo ao quadrado);

S é a sua posição no instante de tempo t (em metros).

Considerando que a posição inicial de um objeto é 3 m, sua velocidade inicial é 5 m/s e sua aceleração é 2 m/s², calcularemos a sua posição no instante de tempo $t = 10\ s$.

Resolução:

Primeiramente, vamos montar a função que relaciona a posição do objeto e o tempo:

$$S(t) = 3 + 5t + \frac{2t^2}{2}$$

$$S(t) = 3 + 5t + t^2$$

Esta função fornece a posição do objeto para qualquer instante de tempo desejado.

O enunciado pede para calcular a posição no instante de tempo t = 10 s. Logo:

$$S(10) = 3 + 5 \cdot 10 + 10^2$$

$$S(10) = 3 + 50 + 100$$

$$S(10) = 153\ m$$

Ou seja, a posição do objeto no instante de tempo 10s é 153 m.

1.19.1 Gráfico de uma função do segundo grau

A representação gráfica de uma função do segundo grau resulta em uma curva aberta chamada *parábola*.

Para a construção da parábola, analisaremos os seguintes pontos importantes:

1. Estudo do parâmetro *a*:

a > 0, concavidade para cima, valor mínimo;

a < 0, concavidade para baixo, valor máximo.

2. Zeros da função: O ponto onde o gráfico cortará o eixo de *x*, isto é, no qual igualaremos a lei matemática e, com isso, obteremos as raízes da equação.

3. Estudo do discriminante da equação: Ao resolver uma equação do segundo grau utilizando o método de Bhaskara, teremos três possíveis resultados, todos dependendo do valor do discriminante Δ:

Se Δ > 0: duas raízes reais diferentes; o gráfico cortará o eixo de *x* em dois pontos distintos;

Se Δ = 0: uma raiz real ou duas raízes reais iguais; o gráfico tocará o eixo de *x*;

Se Δ < 0: nenhuma raiz real; o gráfico flutuará sobre o eixo de *x*.

Logaritmos e funções

4. Coordenadas do vértice da parábola:

$X_v = -b/2a$

$Y_v = -\Delta/4a$

Antes de estudar as especificidades dessa curva, vamos construir o gráfico da seguinte função:

$y = f(x) = x^2 - x + 2$

Primeiramente, atribuiremos valores para x e calcularemos os correspondentes valores de y.

Tabela 1.13 – Determinação de pontos da função $y = f(x) = x^2 - x + 2$

x	x² − x + 2	y
−3	$(-3)^2 - (-3) + 2$	14
−2	$(-2)^2 - (-2) + 2$	8
−1	$(-1)^2 - (-1) + 2$	4
0	$0^2 - 0 + 2$	2
1	$1^2 - 1 + 2$	2
2	$2^2 - 2 + 2$	4
3	$3^2 - 3 + 2$	8
4	$4^2 - 4 + 2$	14

Importante!

É importante lembrarmos que os valores para x não foram escolhidos aleatoriamente.

Quando marcados em um plano cartesiano, esses pontos ficam dispostos conforme demonstrado no gráfico a seguir.

Gráfico 1.19 – Gráfico da função $y = f(x) = x^2 - x + 2$

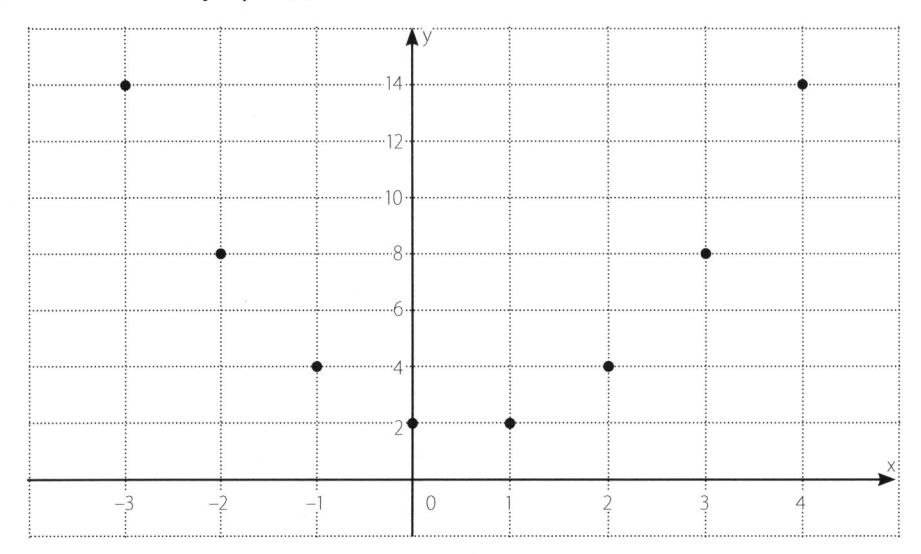

Se ainda não for possível visualizar o formato da curva do gráfico, podemos atribuir mais valores para x.

Tabela 1.14 – Determinação de mais pontos da função $y = f(x) = x^2 - x + 2$

x	$x^2 - x + 2$	y
−2,5	$(-2,5)^2 - (-2,5) + 2$	10,75
−1,5	$(-1,5)^2 - (-1,5) + 2$	5,75
−0,5	$(-0,5)^2 - (-0,5) + 2$	2,75
0,5	$0,5^2 - 0,5 + 2$	1,75
1,5	$1,5^2 - 1,5 + 2$	2,75
2,5	$2,5^2 - 2,5 + 2$	5,75
3,5	$3,5^2 - 3,5 + 2$	10,75

Marcando os pontos no plano cartesiano, obtemos:

Gráfico 1.20 – Alguns pontos para a determinação gráfica da função $y = f(x) = x^2 - x + 2$

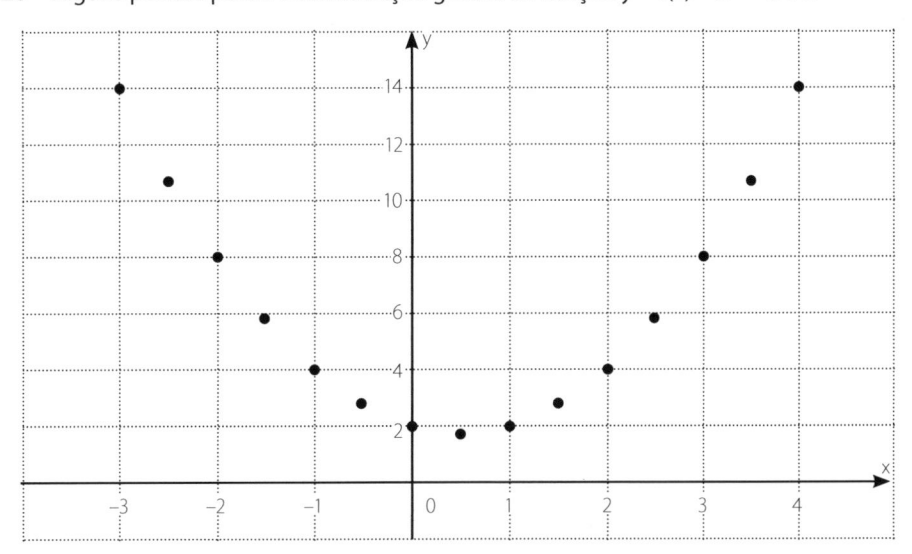

Poderíamos ainda atribuir mais valores para a variável *x* e seguir calculando os correspondentes valores de *y*. Como não existe qualquer restrição para o domínio da função, podemos simplesmente unir de forma suave os pontos, a fim de obter a curva característica da função, conforme demonstra o Gráfico 1.21.

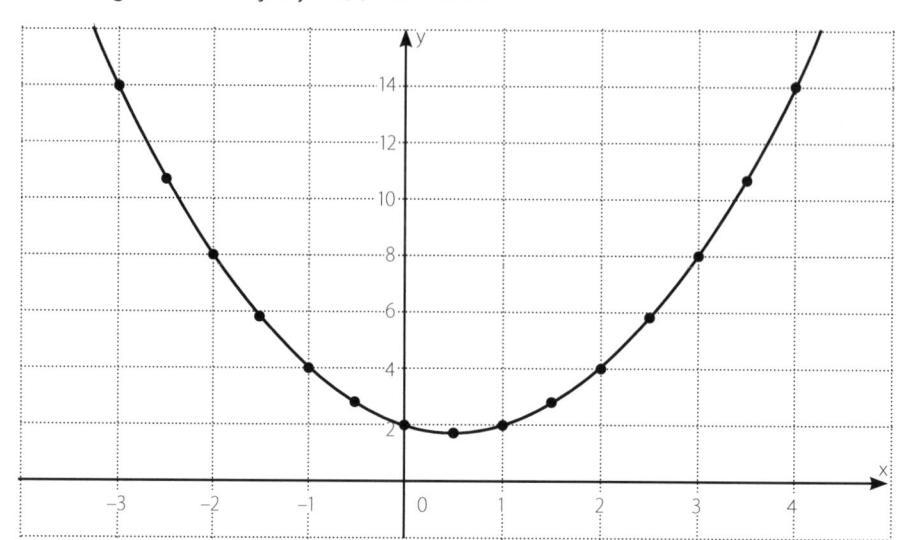

Gráfico 1.21 – Novo gráfico da função $y = f(x) = x^2 - x + 2$

Exemplo 1.52

Qual é o gráfico da função $S(t) = 3 + 5t + t^2$ que representa o movimento de um objeto que se move com aceleração constante (é a mesma função apresentada no Exemplo 1.40)? Para montarmos o gráfico, consideraremos o intervalo de tempo de zero a 20 s.

Resolução:

Primeiramente, atribuiremos valores para t e calcularemos o correspondente valor da posição S do objeto.

Tabela 1.15 – Determinação de pontos da função $S(t) = 3 + 5t + t^2$

t(s)	$3 + 5t + t^2$	S(m)
0	$3 + 5 \cdot 0 + 0^2$	3
2	$3 + 5 \cdot 2 + 2^2$	17
4	$3 + 5 \cdot 4 + 4^2$	39
6	$3 + 5 \cdot 6 + 6^2$	69
8	$3 + 5 \cdot 8 + 8^2$	107
10	$3 + 5 \cdot 10 + 10^2$	153
12	$3 + 5 \cdot 12 + 12^2$	207
14	$3 + 5 \cdot 14 + 14^2$	269
16	$3 + 5 \cdot 16 + 16^2$	339
18	$3 + 5 \cdot 18 + 18^2$	417
20	$3 + 5 \cdot 20 + 20^2$	503

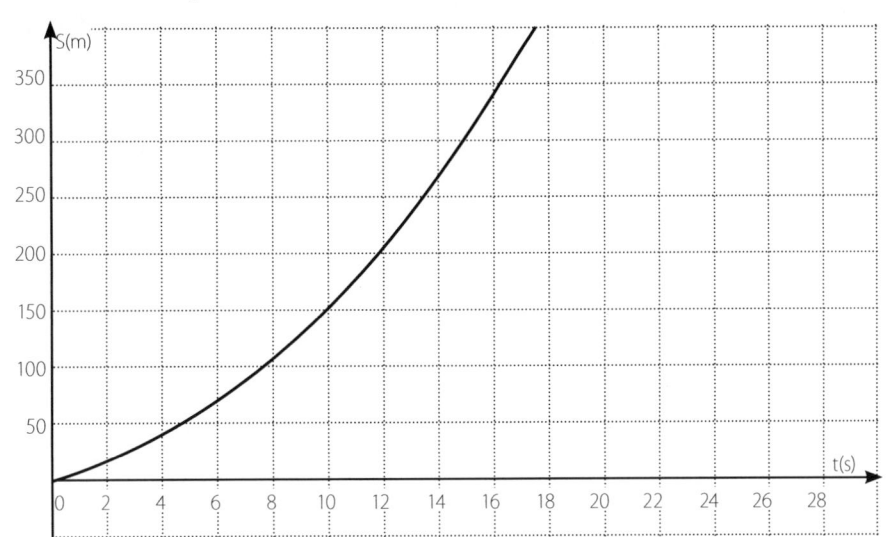

Gráfico 1.22 – Gráfico da função $S(t) = 3 + 5t + t^2$

Aparentemente, o gráfico dessa função parece não ser uma parábola. No entanto, temos de lembrar que o seu domínio está fisicamente restrito aos valores do tempo que são positivos, pois não faz sentido falar em instantes de tempo negativos. Assim, podemos afirmar que o gráfico é uma parábola que representa parte do domínio da função que nos interessa estudar.

Para bem representar gráficos de funções do segundo grau, podemos destacar três importantes características:

1. Concavidade da parábola;

2. Posição da curva em relação ao eixo *x*;

3. Localização do vértice da parábola.

1.19.2 Concavidade da parábola

O sentido da concavidade de uma parábola está diretamente relacionado ao sinal do coeficiente *a* da função.

Se $a > 0 \rightarrow$ concavidade da parábola é voltada para cima.

Se $a < 0 \rightarrow$ concavidade da parábola é voltada para baixo.

Tabela 1.16 – Concavidade de uma parábola

Sinal do coeficiente a	Concavidade da parábola	Esboço
a > 0	Voltada para cima	
a < 0	Voltada para baixo	

Exemplo 1.53

Analisando as seguintes funções do segundo grau, concluiremos se a concavidade da parábola que a representa é voltada para cima ou para baixo:

a) $y = 2x^2 + 3x + 9$
b) $w = -t^2 - 5$
c) $z = -50x^2 - 7x$
d) $y = 9x^2 - 370x$

Resolução:

a) Concavidade voltada para cima, pois a = 2 > 0.
b) Concavidade voltada para baixo, pois a = − 1 < 0.
c) Concavidade voltada para baixo, pois a = − 50 < 0.
d) Concavidade voltada para cima, pois a = 9 > 0.

1.19.3 Posição da curva em relação ao eixo x

A parábola que representa determinada função do segundo grau pode estar localizada em relação ao eixo horizontal (eixo da variável independente) de seis formas. Vejamos quais são elas:

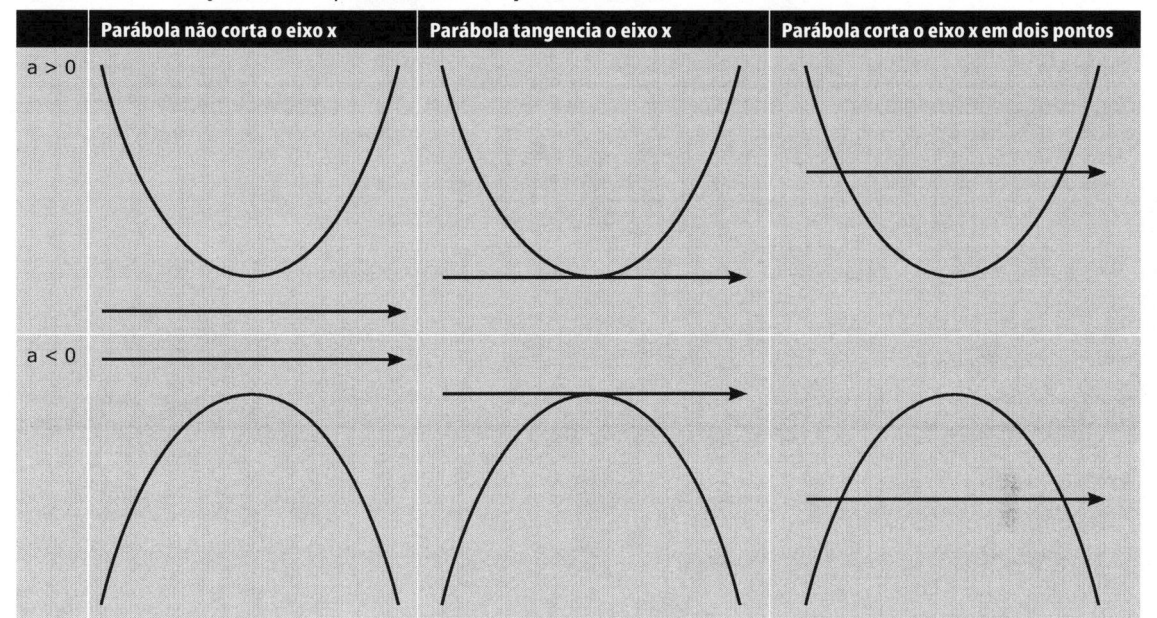

Tabela 1.17 – Posição de uma parábola em relação ao eixo x

	Parábola não corta o eixo x	Parábola tangencia o eixo x	Parábola corta o eixo x em dois pontos
a > 0			
a < 0			

- Quando a parábola não corta o eixo *x*, dizemos que a função não tem raízes reais.
- Quando a parábola tangencia o eixo *x*, dizemos que a função do segundo grau tem duas raízes reais e iguais.
- Quando a parábola corta duas vezes o eixo *x*, dizemos que a função do segundo grau tem duas raízes reais diferentes.

Como podemos descobrir em qual caso determinada função do segundo grau se enquadra? Simples! Basta igualarmos a função a zero e resolver a equação do segundo grau resultante:

$$y = ax^2 + bx + c = 0$$

Na obra *Equações e regras de três* (Leite; Castanheira, 2014a), mostramos como resolver as variantes que envolvem esse tipo de equação, sendo a fórmula de Bhaskara utilizada para solucionar qualquer tipo de equação do segundo grau que possua raízes reais:

$$x = \frac{-b \pm \sqrt{\Delta}}{2a}$$

Sendo,

$$\Delta = b^2 - 4ac$$

Em termos de funções do segundo grau, o valor calculado para o delta ou discriminante (Δ) fornece informações sobre a posição da parábola em relação ao eixo *x*:

- Se $\Delta < 0$, a parábola não corta o eixo *x*.
- Se $\Delta = 0$, a parábola tangencia o eixo *x*.
- Se $\Delta > 0$, a parábola corta o eixo *x* em dois pontos distintos.

Logaritmos e funções

Caso $\Delta \geq 0$, é preciso resolver a fórmula de Bhaskara para descobrir os pontos exatos em que a parábola corta o eixo x.

Importante!

De maneira geral, podemos afirmar que as abscissas em que a parábola corta o eixo x são os zeros ou raízes da função quadrática ou função do segundo grau.

Exemplo 1.54

Verificaremos se a parábola que representa a função $y = x^2 - 4x - 5$ corta o eixo horizontal (eixo usualmente destinado para a variável independente). Em caso positivo, calcularemos em que ponto do eixo x isso acontece.

Resolução:

Para começar, vamos igualar a função a zero e extrair seus coeficientes:

$y = x^2 - 4x - 5 = 0$

$a = 1$

$b = -4$

$c = -5$

Agora, vamos calcular o valor de Δ:

$\Delta = b^2 - 4ac$

$\Delta = (-4)^2 - 4 \cdot 1 \cdot (-5)$

$\Delta = 16 + 20 = 36$

Como $\Delta > 0$, a função tem duas raízes reais diferentes, ou seja, a parábola corta o eixo x em dois pontos. Para descobrir quais são esses pontos, precisamos resolver a equação de Bhaskara:

$x = \dfrac{-b \pm \sqrt{\Delta}}{2a}$

$x = \dfrac{-(-4) \pm \sqrt{36}}{2 \cdot 1}$

$x = \dfrac{4 \pm 6}{2}$

$x_1 = \dfrac{4 - 6}{2} = -1$

$x_2 = \dfrac{4 + 6}{2} = 5$

Assim, sabemos que a parábola corta o eixo x em $x = -1$ e $x = 5$. Como a concavidade da parábola é voltada para cima (pois $a > 0$), temos o seguinte esboço:

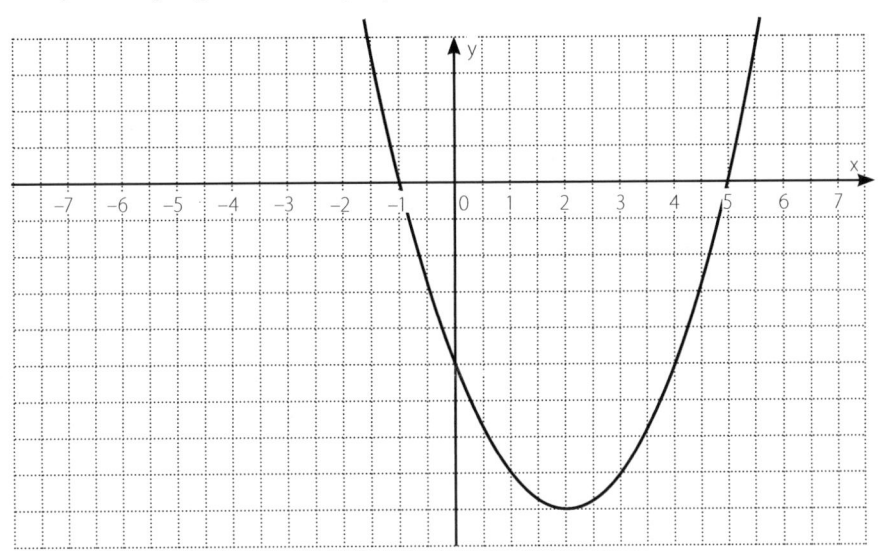

Gráfico 1.23 – Representação gráfica da função $y = x^2 - 4x - 5$

1.19.4 Localização do vértice da parábola

Para que o gráfico de uma função de segundo grau fique bem definido, precisamos ainda de mais uma informação importante: as coordenadas do vértice da parábola, as quais são compostas pela abscissa (x_v) e a ordenada (y_v) do vértice.

Se analisarmos a parábola do exemplo anterior, perceberemos que ela tem um eixo de simetria que passa pelo vértice e divide a parábola em duas partes, sendo uma o espelho da outra (o simétrico da outra).

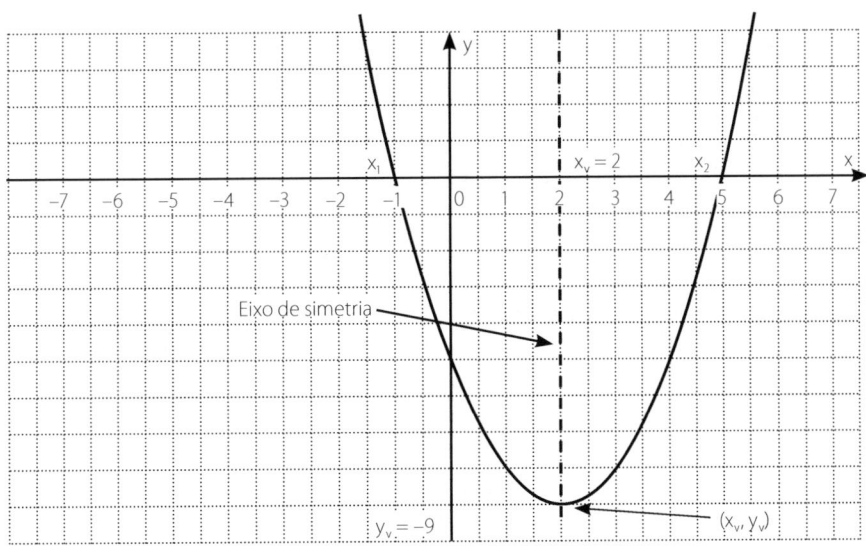

Gráfico 1.24 – Representação gráfica da função $y = x^2 - 4x - 5$

Logaritmos e funções

No caso do exemplo em questão, $x_v = 2$, fica claro que quando a curva corta o eixo x em dois pontos, a abscissa do vértice pode ser calculada por:

$$x_v = \frac{x_2 + x_1}{2}$$

Para calcular a ordenada do vértice, ou seja, y_v, basta substituir o valor de x_v na função original (no exemplo anterior, a função que deu origem ao gráfico foi a função $y_v = x^2 - 4x - 5$). Assim:

$$y_v = 2^2 - 4 \cdot 2 - 5$$
$$y_v = 4 - 8 - 5$$
$$y_v = -9$$

Outra maneira de calcular as coordenadas do vértice é por meio da utilização das seguintes fórmulas:

$$x_v = \frac{-b}{2a} \quad e \quad y_v = -\frac{\Delta}{4a}$$

Vamos utilizar essas fórmulas para chegar aos mesmos resultados anteriores:

$$x_v = \frac{-(-4)}{2 \cdot 1} = 2$$

$$y_v = -\frac{(-4)^2 - 4 \cdot 1 \cdot (-5)}{4 \cdot 1} = -\frac{36}{4} = -9$$

Deduziremos as fórmulas de X_v e de Y_v (coordenadas do vértice):

$$x_v = \frac{y_1 + y_2}{2} = \frac{-\frac{b}{a}}{2}$$

$$x_v = -\frac{b}{2a}$$

Essa é a fórmula para encontrarmos o X_v (x do vértice). Agora que já sabemos o x_v, devemos descobrir o Y_v (y do vértice). Podemos conseguir esse valor substituindo o x da função pelo X_v, pois com isso estaremos calculando qual o valor de Y para o X_v, que é justamente o Y_v ou $f(X_v)$. A equação geral de uma função do segundo grau é **$f(x) = ax^2 + bx + c$**. Então, vamos substituir todos x pelo valor de X_v da fórmula citada:

$$f(x_v) = a\left(-\frac{b}{2a}\right)^2 + b\left(-\frac{b}{2a}\right) + c$$

$$f(x_v) = \frac{ab^2}{4a^2} - \frac{b^2}{2a} + c$$

$$f(x_v) = \frac{ab^2 - 2ab^2 + 4a^2c}{4a^2}$$

$$f(x_v) = \frac{b^2 - 2b^2 + 4ac}{4a}$$

$$f(x_v) = \frac{-b^2 + 4ac}{4a} = \frac{-(b^2 - 4ac)}{4a}$$

Na última igualdade, temos como denominador $-(b^2 - 4ac)$, e isso é justamente igual a $-\Delta$. Portanto, a fórmula final para o cálculo de Y_v, também chamado de $f(X_v)$, é:

$$Y_v = \frac{-\Delta}{4a}$$

Vamos explorar os detalhes de mais alguns exemplos para entender bem os principais elementos gráficos de uma função quadrática ou função de segundo grau.

Exemplo 1.55

Agora, faremos o esboço do gráfico que representa a função $y = -2x^2 - 4x + 6$.

Resolução:

Primeiramente, vamos extrair os coeficientes da função:

$a = -2$

$b = -4$

$c = 6$

O sinal do coeficiente a nos informa que a concavidade da parábola é voltada para baixo $(a = -2 < 0)$. O cálculo do discriminante (ou delta) nos informará se a parábola corta o eixo x e em que pontos:

$\Delta = b^2 - 4ac$

$\Delta = (-4)^2 - 4 \cdot (-2) \cdot 6$

$\Delta = 16 + 48 = 64$

Como $\Delta > 0$, a parábola corta o eixo x em dois pontos. Para descobrir quais são esses pontos, é preciso aplicar a fórmula de Bhaskara:

$$x = \frac{-b \pm \sqrt{\Delta}}{2a}$$

$$x = \frac{-(-4) \pm \sqrt{64}}{2 \cdot (-2)}$$

$$x = \frac{4 \pm 8}{-4}$$

$$x_1 = \frac{4 + 8}{-4} = -3$$

$$x_2 = \frac{4 - 8}{-4} = 1$$

Por meio do cálculo, descobrimos que a curva corta o eixo x em $x_1 = -3$ e $x_2 = 1$.

Para que o esboço do gráfico fique bem caracterizado, só nos resta agora calcular as coordenadas do vértice:

$$x_v = \frac{-b}{2a}$$

$$x_v = \frac{-(-4)}{2 \cdot (-2)} = -1$$

$$y_v = -\frac{\Delta}{4a}$$

$$y_v = -\frac{64}{4 \cdot (-2)} = 8$$

Portanto, V(−1, 8).

Com os elementos que acabamos de calcular, podemos esboçar o gráfico da função.

Gráfico 1.25 – Gráfico da função $y = -2x^2 - 4x + 6$

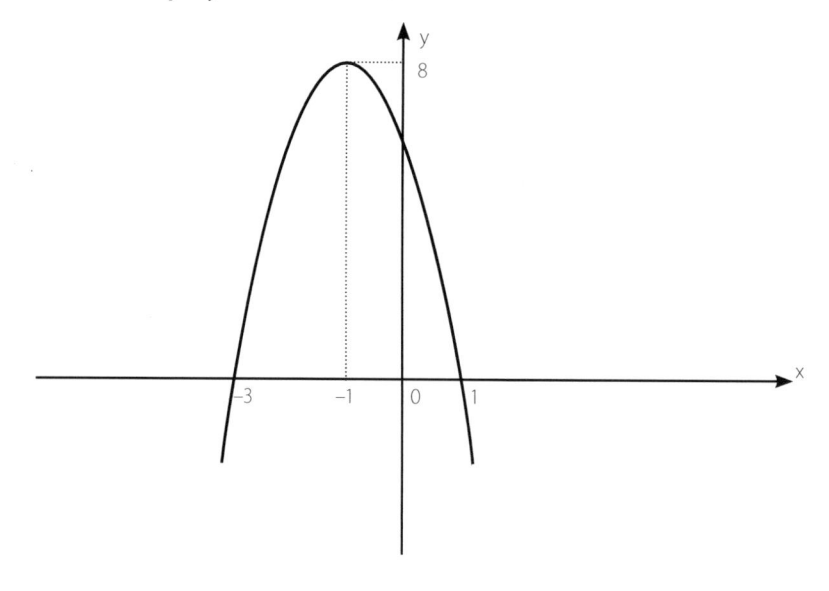

Exemplo 1.56

Esboçaremos o gráfico que representa a função $y = x^2 - 4x + 5$.

Resolução:

Para isso, primeiramente vamos extrair os coeficientes da função:

a = 1
b = − 4
c = 5

O sinal do coeficiente *a* nos informa que a concavidade da parábola é voltada para cima (*a = 1 > 0*).
O cálculo do discriminante (ou delta) nos informará se a parábola corta o eixo *x* e em que pontos:

$\Delta = b^2 - 4ac$

$\Delta = (-4)^2 - 4 \cdot 1 \cdot 5$

$\Delta = 16 - 20 = -4$

Como $\Delta < 0$, a parábola não corta o eixo x. Portanto, não precisamos resolver a equação de Bhaskara. Sendo assim, devemos apenas calcular as coordenadas do vértice:

$x_v = \dfrac{-b}{2a}$

$x_v = \dfrac{-(-4)}{2 \cdot 1} = 2$

$y_v = -\dfrac{\Delta}{4a}$

$y_v = -\dfrac{-4}{4 \cdot 1} = 1$

Portanto, V(2, 1).

Com os dados calculados, podemos esboçar o gráfico da função.

Gráfico 1.26 – Gráfico da função $y = x^2 - 4x + 5$

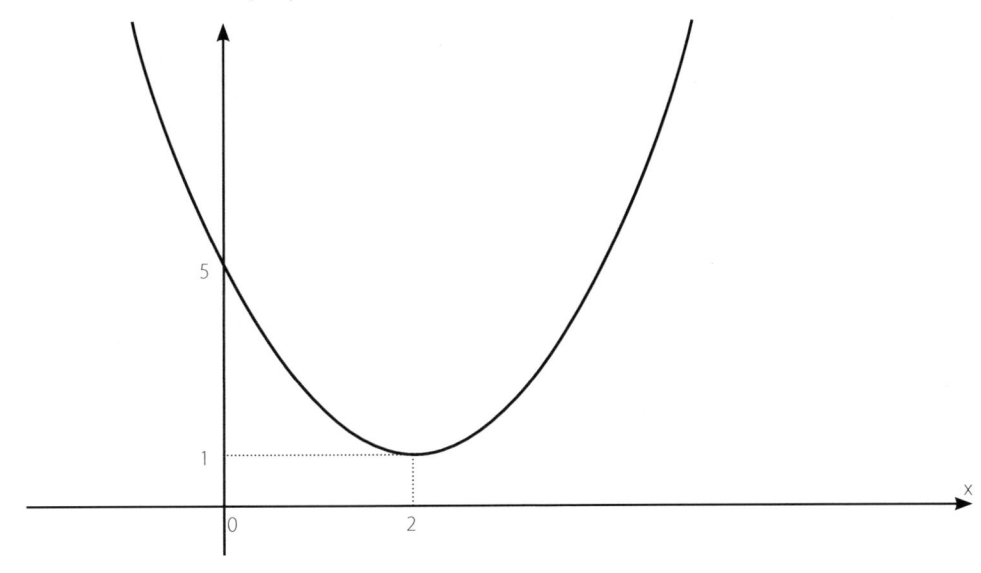

Exemplo 1.57

Esboce o gráfico que representa a função $y = 6x^2 + 12x + 6$.

Resolução:

Os coeficientes da função são:

a = 6
b = 12
c = 6

Como $a = 6 > 0$, a concavidade da parábola é voltada para cima. Calcularemos o valor do discriminante:

$\Delta = b^2 - 4ac$
$\Delta = 12^2 - 4 \cdot 6 \cdot 6$
$\Delta = 144 - 144 = 0$

Como $\Delta = 0$, a parábola tangencia o eixo x, mas precisamos saber em que ponto. Para isso, vamos resolver a equação de Bhaskara:

$x = \dfrac{-b \pm \sqrt{\Delta}}{2a}$

$x = \dfrac{-12 \pm \sqrt{0}}{2 \cdot 6}$

$x = \dfrac{-12}{12} = -1$

Ou seja, a curva tangencia o eixo x em $x = -1$. É importante notar que essa é também a abscissa do vértice (x_v). Se a abscissa do vértice está sobre o eixo x, consequentemente a ordenada do vértice (y_v) é igual a zero. Portanto, podemos generalizar esse resultado por meio da seguinte regra:

Importante!

Se $\Delta = 0$, a abscissa do vértice é igual à abscissa em que a curva tangencia o eixo da variável independente e a correspondente ordenada do vértice é igual a zero.

Assim,

$x_v = -1$
$y_v = 0$
$V(-1, 0)$

Com os dados calculados, podemos esboçar o gráfico da função.

Gráfico 1.27 – Gráfico da função y = 6x² + 12x + 6

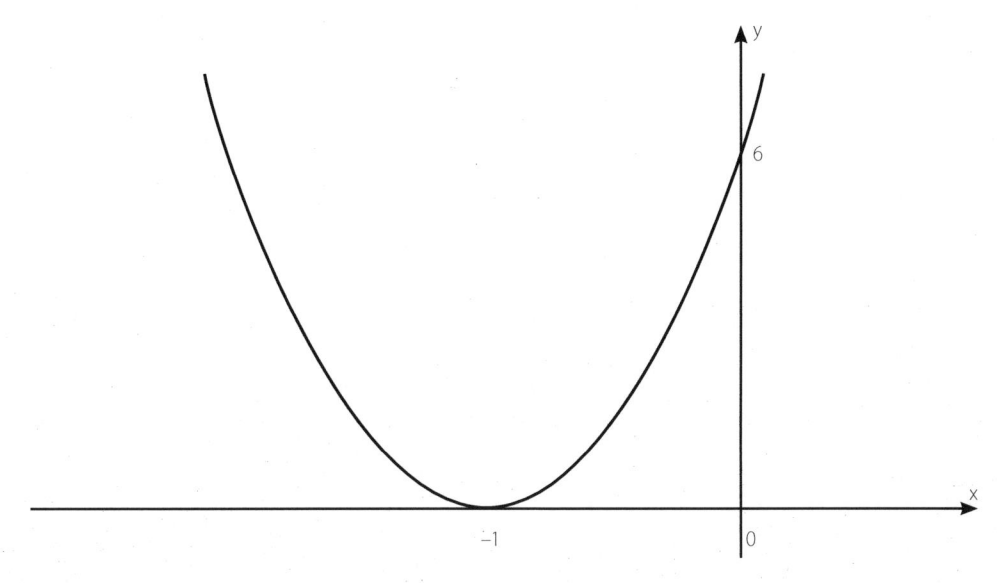

Exemplo 1.58

Calcularemos o valor de k, de modo que a função $y = -x^2 - 8x + k$ tenha coordenadas do vértice V (−4, 7). Em seguida, esboçaremos o gráfico da função.

Resolução:

Para calcular o valor de k, basta substituir as coordenadas do vértice na função:

$7 = -(-4)^2 - 8 \cdot (-4) + k$

$7 = -16 + 32 + k$

$7 = 16 + k$

$7 - 16 = k$

$k = -9$

Logo, a função é:

$y = -x^2 - 8x - 9$

Para fazer o gráfico e deixá-lo bem caracterizado, temos de calcular os valores de x em que a parábola intercepta o eixo x:

$\Delta = b^2 - 4ac$

$\Delta = (-8)^2 - 4 \cdot (-1) \cdot (-9)$

$\Delta = 64 - 36 = 28$

$x = \dfrac{-b \pm \sqrt{\Delta}}{2a}$

$x = \dfrac{-(-8) \pm \sqrt{28}}{2 \cdot (-1)}$

Logaritmos e funções

$$x = \frac{8 \pm 5{,}29}{-2}$$

$$x_1 = \frac{8 + 5{,}29}{-2} = -6{,}645$$

$$x_2 = \frac{8 - 5{,}29}{-2} = -1{,}355$$

O esboço do gráfico da função é o representado a seguir.

Gráfico 1.28 – Gráfico da função $y = -x^2 - 8x + k$

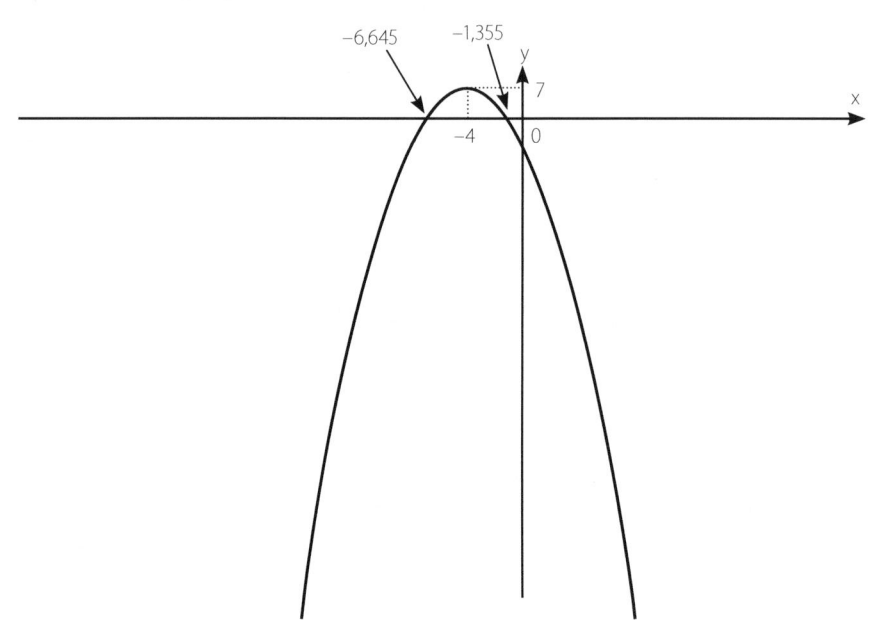

Exemplo 1.59

O custo diário de C para a produção de x unidades de um produto é calculado pela função $C = x^2 - 60x + 4\,000$ (em reais). Calcularemos a quantidade de unidades que devem ser produzidas por dia para que o custo seja mínimo e também o valor desse custo.

Resolução:

Como a função é do segundo grau e $a = 1 > 0$, o vértice do seu gráfico é o ponto mínimo da função. Assim, calculando o valor da abscissa do vértice (x_v), teremos a quantidade de unidades que devem ser produzidas para que o custo seja mínimo. Já a ordenada do vértice (x_v) fornecerá o custo mínimo, pois permitirá o cálculo de C_v:

$$x_v = \frac{-b}{2a}$$

$$x_v = \frac{-(-60)}{2 \cdot 1} = 30$$

$$C_v = -\frac{\Delta}{4a}$$

$$C_v = \frac{(-60)^2 - 4 \cdot 1 \cdot 4\,000}{4 \cdot 1} = 3\,100$$

Sendo assim, o custo mínimo de produção é R$ 3 100, obtido quando são produzidas 30 unidades do produto.

Gráfico 1.29 – Gráfico da função $C = x^2 - 60x + 4\,000$

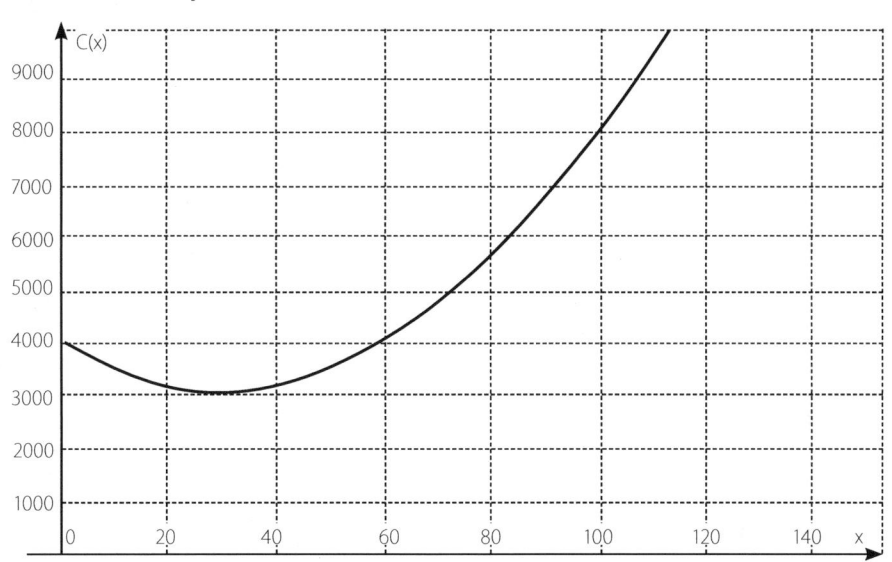

1.19.5 Crescimento e decrescimento de uma função do segundo grau

O vértice de uma parábola é o ponto que delimita o intervalo em que a função é crescente e o intervalo em que ela é decrescente. Analisaremos a seguir função $y = x^2 - 6x + 1$.

Como $a > 0$, a concavidade da parábola é voltada para cima. Isso significa que o vértice da parábola está localizado no ponto mínimo da função. Logo, para os valores de x menores que x_v, a função é decrescente; já para valores de x maiores do que x_v, a função é crescente.

$$\Delta = (-6)^2 - 4 \cdot 1 \cdot 1 = 32$$

$$x_v = \frac{-b}{2a}$$

$$x_v = \frac{-(-6)}{2 \cdot 1} = -3$$

$$y_v = -\frac{\Delta}{4a}$$

$$y_v = -\frac{32}{4 \cdot 1} = -8$$

As coordenadas do vértice estão no ponto V (3, − 8), por onde também passa o eixo de simetria da parábola.

Logaritmos e funções

Gráfico 1.30 – Gráfico da função $y = x^2 - 6x + 1$, com eixo de simetria

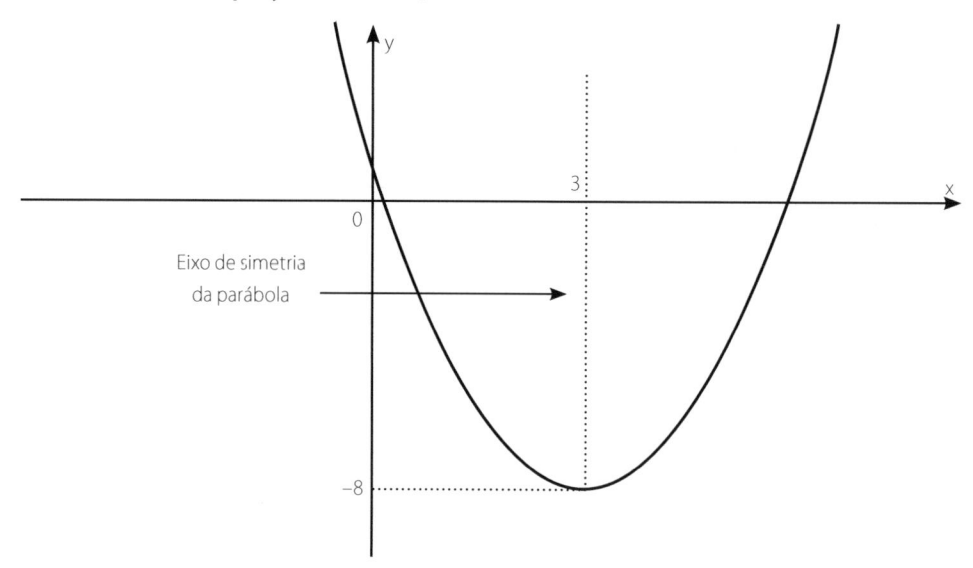

Eixo de simetria da parábola

Para os valores de x tais que $x < x_v$, a função é decrescente, conforme podemos analisar no Gráfico 1.31.

Gráfico 1.31 – Parte decrescente da função $y = x^2 - 6x + 1$

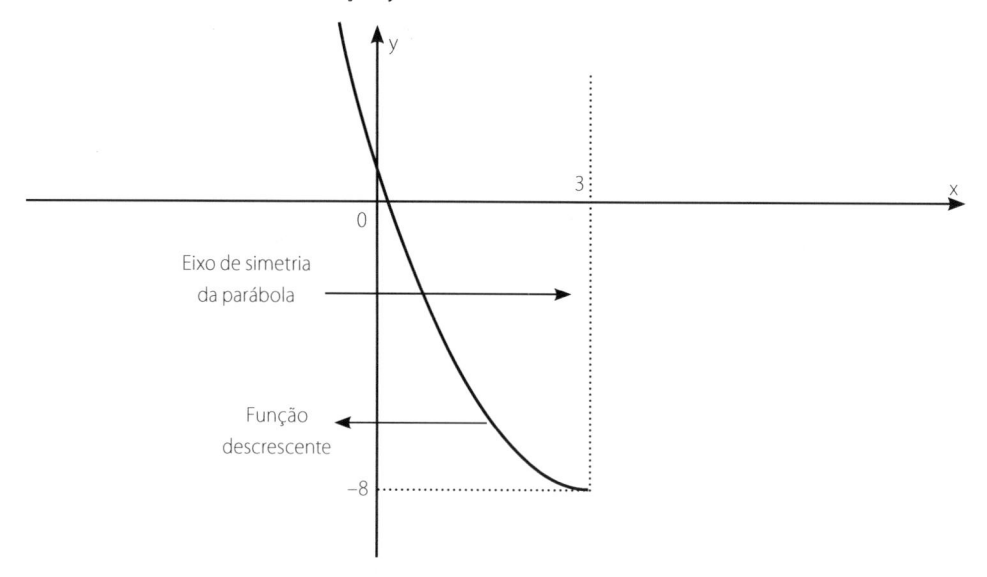

Eixo de simetria da parábola

Função descrescente

Para os valores de x tais que $x > x_v$, a função é crescente, conforme podemos analisar no Gráfico 1.32.

Gráfico 1.32 – Parte crescente da função y = x² − 6x + 1

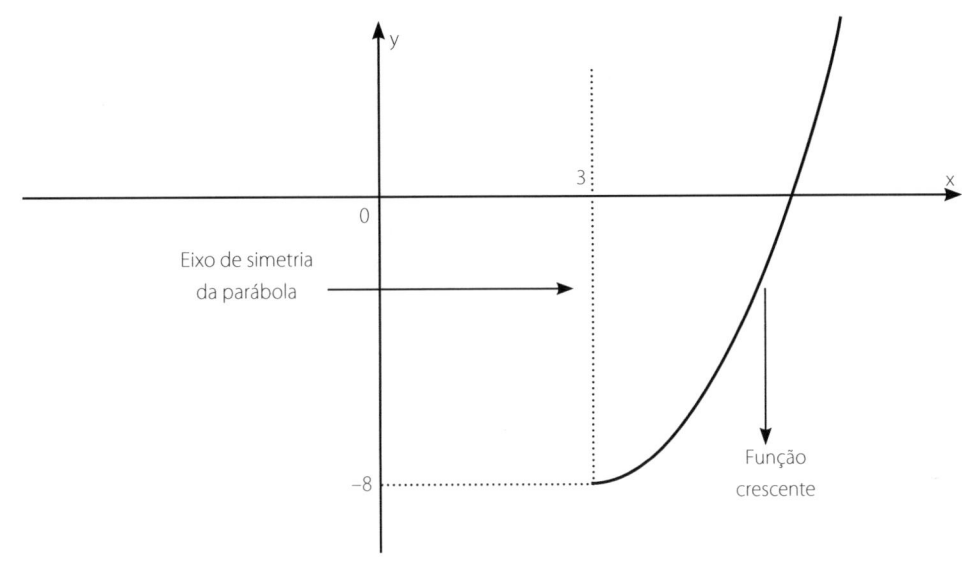

Eixo de simetria da parábola

Função crescente

Portanto, é fácil percebermos que o vértice é o ponto em que ocorre a mudança de comportamento da função. No caso específico da análise anterior, temos que:

- f(x) é decrescente para $\{x \in R \mid x < 3\}$;
- f(x) é crescente para $\{x \in R \mid x > 3\}$.

Analisaremos agora um caso em que as coordenadas do vértice determinam o ponto máximo da função. Seja a função:

$$y = -2x^2 + 8x$$

Como a < 0, a concavidade da parábola é voltada para baixo. Dado que o vértice está localizado no ponto máximo da função, para os valores de x menores que x_v a função é crescente e para valores de x maiores que x_v a função é decrescente.

$$\Delta = 8^2 - 4 \cdot (-2) \cdot 0 = 64$$

$$x_v = \frac{-b}{2a}$$

$$x_v = \frac{-8}{2 \cdot (-2)} = 2$$

$$y_v = -\frac{\Delta}{4a}$$

$$y_v = -\frac{64}{4 \cdot (-2)} = 8$$

As coordenadas do vértice estão no ponto V (2, 8).

Logaritmos e funções

Gráfico 1.33 – Gráfico da função y = −2x² + 8x

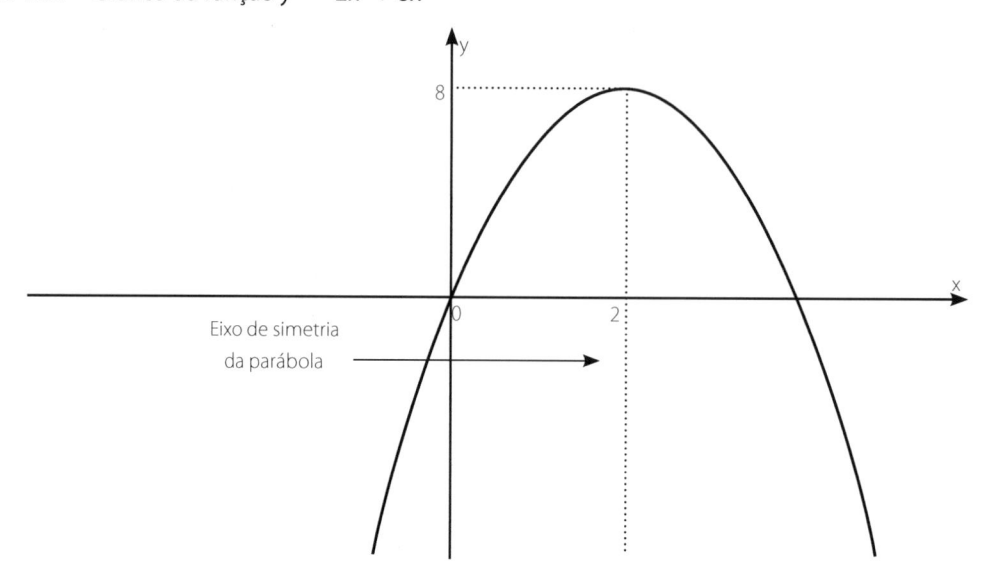

Para os valores de x tais que x < x_v, a função é crescente.

Gráfico 1.34 – Parte crescente da função y = −2x² + 8x

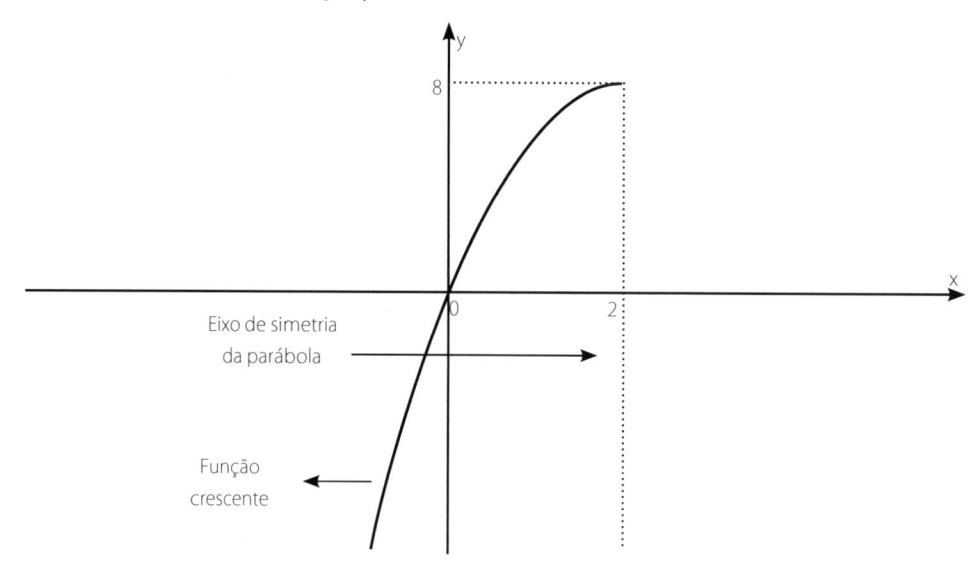

Para os valores de x tais que x > x_v, a função é decrescente.

Gráfico 1.35 – Parte decrescente da função y = −2x² + 8x

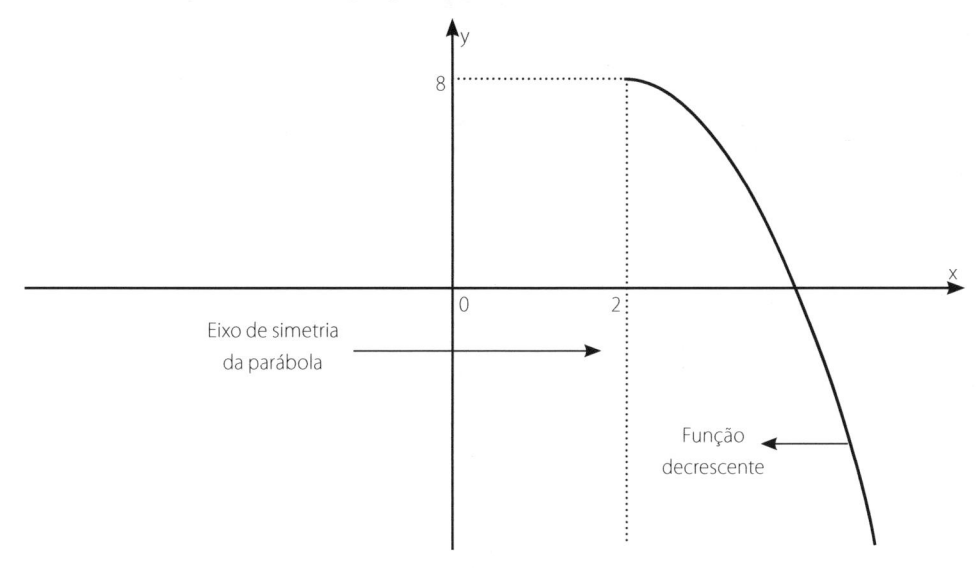

Portanto, no caso específico da função analisada, temos que:

- f(x) é crescente para {x ∈ R | x < 2};
- f(x) é decrescente para {x ∈ R | x > 2}.

Exemplo 1.60

Uma pedra é lançada verticalmente para cima e sua altura em determinado instante de tempo pode ser calculada pela função:

h = −5t² + 100t

Sabendo que a altura é dada em metros e o tempo em segundos, calcularemos o intervalo de tempo que a pedra está subindo (função crescente) e o intervalo de tempo que ela está descendo, bem como a altura máxima que a pedra atingirá. (Obs.: vamos considerar que o tempo que a pedra leva para subir é igual ao tempo que ela leva para descer).

Resolução:

Temos uma função do segundo grau com coeficiente *a* = −5 < 0. Logo, a concavidade da parábola é voltada para baixo e o seu vértice é o ponto máximo. Calcularemos as coordenadas do vértice:

$$t_v = \frac{-b}{2a}$$

$$t_v = \frac{-100}{2 \cdot (-5)} = 10s$$

A altura máxima é obtida calculando-se a ordenada do vértice:

Logaritmos e funções

$\Delta = 100^2 - 4 \cdot (-5) \cdot 0 = 10\,000$

$h_v = -\dfrac{\Delta}{4a}$

$h_v = \dfrac{10\,000}{4 \cdot (-5)} = 500 \text{ m}$

Assim, a função é crescente (pedra está subindo) para valores de *t* tais que *0s < t < 10s* e é decrescente (pedra está descendo) para valores de *t* tais que *10s < t < 20s*.

Gráfico 1.36 – Gráfico da função $h = -5t^2 + 100t$

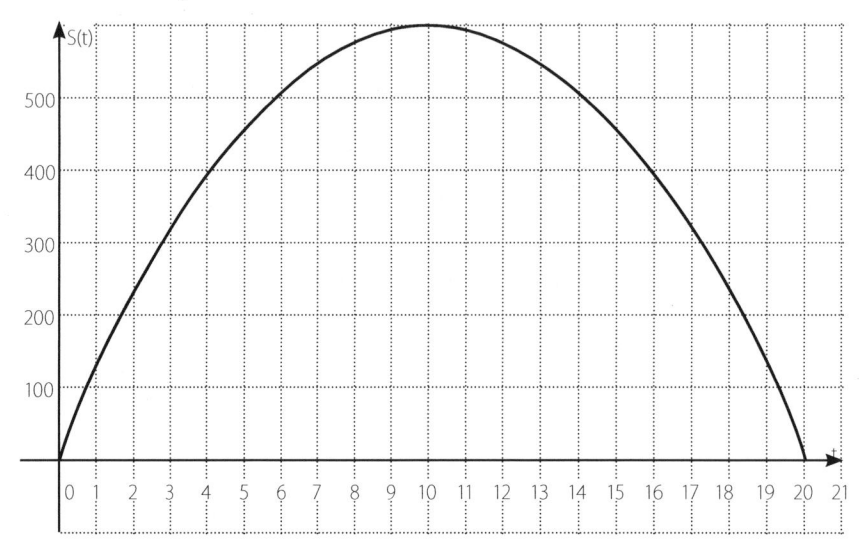

Síntese

Neste capítulo, estudamos a representação de um ponto em um plano cartesiano por um par ordenado, ao qual denominamos *abscissa* (no eixo *x*) e *ordenada* (no eixo *y*). Vimos também a função como uma relação entre dois conjuntos e a representamos por *f: A → B*. No estudo de funções, detalhamos alguns conceitos, como domínio (D), contradomínio (CD) e imagem (Im), e observamos que elas podem ser classificadas como *sobrejetora*, *injetora* e *bijetora*. Além disso, vimos que uma função pode ser par ou ímpar, bem como não ser nem par, nem ímpar.

A representação gráfica de uma função em um sistema de coordenadas cartesianas foi também assunto abordado neste capítulo, quando verificamos que nem todo gráfico é uma função. Na sequência, vimos que uma função pode ser crescente ou decrescente e, por fim, estudamos o grau de uma função polinomial, quando analisamos uma função do primeiro grau e uma função do segundo grau ou quadrática.

Questões para revisão

1. Represente simbolicamente:

   a) Todos os números reais de −4 até +58, incluídos esses números.

   b) Todos os números reais maiores ou iguais a zero.

   c) Todos os números reais negativos.

2. No diagrama de Venn representado a seguir, tem-se a relação de A em B. Essa relação representa uma função?

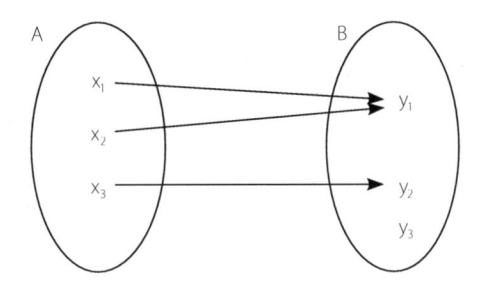

3. Dada a função definida pela lei de formação $y = x^2 - 4x - 5$, determine o seu valor numérico no ponto $a = -1$.

4. No diagrama de Venn a seguir, tem-se a representação de uma função:

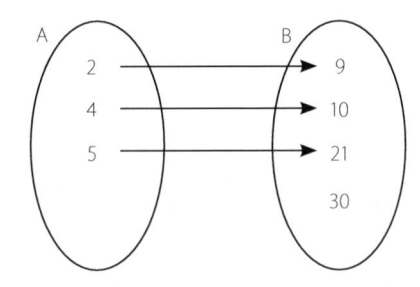

   a) Qual o domínio dessa função?
   b) Qual o contradomínio dessa função?
   c) Qual o conjunto imagem dessa função?

5. Determine o domínio (D) e o contradomínio (CD) das funções:

   a) $y = \sqrt{2 + x^2}$

   b) $y = 2 + x^2$

   c) $y = \operatorname{sen} x$

   d) $y = \log_5 x$

6. Trace o gráfico das funções:

   a) $y = 3 + x$

   b) $y = -4$

7. Verifique se a função é par ou se é ímpar:

   a) $y = 3x^2 + 4$

   b) $y = 5x^3$

8. Verifique se os gráficos a seguir representam uma função:

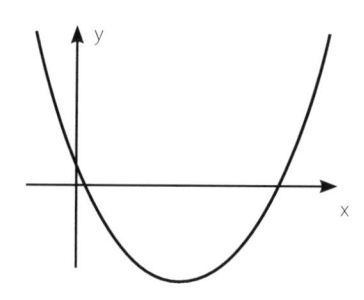

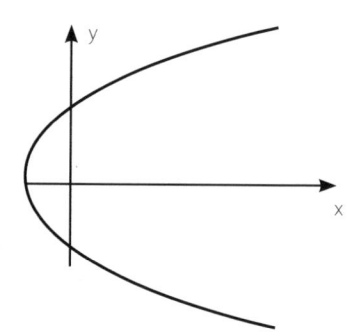

9. Dadas as funções $f(x) = x^2 + 4$; $g(x) = 5x - 2$ e $h(x) = 2 + 3x$, determine:

   a) $f(g(x)) =$

   b) $g(h(x)) =$

   c) $h(f(x)) =$

10. Verifique se a função $y = \dfrac{4}{x - 2}$ é contínua no ponto $x = 2$.

11. Represente simbolicamente:

    a) Todos os números reais de +3 a +80, excluídos esses números.

    b) Todos os números reais de −5 a +5, incluídos esses números.

    c) Todos os números reais de −12, inclusive, até +4, exclusive.

    d) Todos os números reais menores ou iguais a 54.

    e) Todos os números reais negativos.

12. Determine o valor numérico das funções:

    a) $f(x) = x^2 + 2x - 1$ para $a = 0$, $a = -1$, $a = +1$

    b) $f(x) = \dfrac{3x^2 - 2x + 3}{x^2 + x - 1}$ para $a = 0$, $a = -1$, $a = +1$

13. Determine os zeros das funções:

a) $x^2 - 7x + 6 = 0$
b) $x^2 - x - 6 = 0$
c) $x^2 - 2x - 3 = 0$

14. Determine o domínio (ou campo de existência) das funções:

a) $y = \sqrt{x - 1}$
b) $y = \log_{10} x$
c) $y = 10^x$
d) $y = 2x^2 + 3x + 5$
e) $y = \dfrac{7}{x - 5}$
f) $y = \sqrt{-x^2 - 1}$
g) $y = \text{tg } x$
h) $y = \text{arc sen} x$

15. Determine o domínio e o contradomínio das funções:

a) $y = x + 3$
b) $y = \sqrt{x + 3}$
c) $y = \cos x$
d) $y = (1/2)^x$

16. Represente graficamente as funções:

a) $y = \dfrac{x}{2}$
b) $y = x^2 + 4$
c) $y = |x + 1|$
d) $y = -2$
e) $|x| + |y| = 2$

17. Construa a representação gráfica da função $y = x^2 - 5x + 6$.

18. Construa os gráficos das funções dadas por:

a) $f(x) = 4$, com $D = R$
b) $g(x) = \dfrac{40}{3}$, com $D = R+$
c) $y = \pi$, com $D = R$
d) $y = -\sqrt{3}$, com $D = [-5, 2[$
e) $y = 0$, com $D = \{x \in R \mid -4 < x \leq 3\}$
f) $y = -7$, com $D = \{x \in R \mid x < 6\}$

Logaritmos e funções

19. Determine o conjunto imagem para cada uma das funções do exercício anterior.

20. Em uma determinada cidade, o departamento de água da prefeitura decidiu fazer uma experiência e passou a cobrar as contas de água dos consumidores com preços fixos para intervalos de consumo. Assim, por exemplo, para qualquer consumo inferior a 20 m³, a conta será de R$ 18,50. A seguir, você pode ver a lei de formação utilizada para determinar o valor V da conta, em reais, em função do consumo c, em metros cúbicos (Obs.: O consumo é medido mensalmente):

$$V(c) = \begin{cases} 18,50 \text{ se } 0 \leq c < 20 \\ 47,50 \text{ se } 20 \leq c < 50 \\ 59,50 \text{ se } c \geq 50 \end{cases}$$

   a) Construa o gráfico no plano cartesiano V versus c (valor da conta por consumo) determinando D e Im.
   b) Quanto pagará um morador que consumir 20 m³ de água em um mês? E se consumir 36,4 m³ em um mês?
   c) Qual foi o consumo de uma casa cuja conta apresentou um valor de R$ 59,00?
   d) Quanto pagou um morador que supostamente não consumiu nenhuma quantidade de água em um mês?

21. A seguir, pode-se ver parte de um gráfico que mostra o valor y a ser pago (em reais) pelo uso de um determinado estacionamento por um período de x horas. Suponha que o padrão observado no gráfico não se altera quando x cresce. Nessas condições, responda:

   a) Quanto deverá pagar uma pessoa por utilizar o estacionamento durante meia hora? E durante duas horas?
   b) Quanto deverá pagar alguém que estacionar das 8h46 às 11h50?
   c) Quanto tempo ficou no estacionamento um carro cujo proprietário pagou R$ 8,00?
   d) Quanto pagará um indivíduo que estacionar seu veículo das 22h de um dia às 8h30 do dia seguinte?

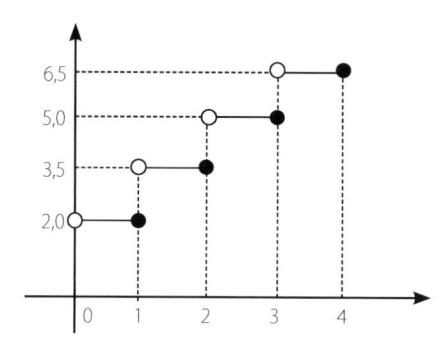

22. Construa, no sistema cartesiano ortogonal, os gráficos das funções dadas por:

a) $y = -\dfrac{x}{4}$

b) $f(x) = -2x + 5$

c) $-x + 2y + 3 = 0$

d) $F = \dfrac{9}{5}C + 32$

e) $f(x) = x + 3$

f) $g(x) = -1 - x$

g) $y = \dfrac{1}{2} - x$

h) $y = -3x$, com $D = [-2, +\infty)$

i) $h(x) = 2x + 2$, com $D = [-1, 2)$

j) $y = -1 + 3x$, com $D = \{x \in R \mid x \leq 0\}$

23. Construa, num mesmo sistema cartesiano ortogonal, os gráficos das funções dadas por:

$f(x) = x$ e $g(x) = -x$

24. Construa, num mesmo plano cartesiano, os gráficos de $f(x) = x$, $g(x) = 2x$, $h(x) = 3x$ e $j(x) = \dfrac{1}{2}x$, considerando para todos $D = [-2, 2]$, e, ao final, compare as retas.

25. Construa, num mesmo sistema cartesiano, os gráficos das funções dadas por $f(x) = x$, $g(x) = x + 1$, $h(x) = x + 2$ e $j(x) = x - 1$, considerando para todas $D = R$, e, ao final, compare as retas.

26. Construa, no sistema cartesiano ortogonal, os gráficos das funções dadas por:

a) $f(x) = \begin{cases} x, \text{ se } x \leq -2 \\ -2, \text{ se } x > -2 \end{cases}$

b) $g(x) = \begin{cases} 2x, \text{ se } x \geq 0 \\ -1, \text{ se } x < 0 \end{cases}$

c) $h(x) = \begin{cases} 2x, \text{ se } x \leq -1 \\ x + 3, \text{ se } x > -1 \end{cases}$

d) $j(x) = \begin{cases} 3, \text{ se } x \leq -2 \\ 1 - x, \text{ se } -2 < x < 2 \\ -4, \text{ se } x \geq 2 \end{cases}$

Logaritmos e funções

27. Construa a representação gráfica das seguintes funções:

   a) $f(x) = -x^2 + 7x - 10$
   b) $y = -x^2 + 3x - 10$
   c) $y = x^2 - 2x + 1$
   d) $f(x) = x^2 - 9$

28. Um objeto lançado verticalmente, do solo para cima, tem posições no decorrer do tempo dadas pela função horária $s = 40t - 5t^2$ (t em segundos e s em metros).

   a) Esboce o gráfico que essa função descreve.
   b) Qual a altura máxima atingida? Em quanto tempo?

29. Calcule a área de um triângulo cujos vértices estão localizados nos seguintes pontos de um plano cartesiano:

   A (−3, −3), B (3, −3), C (2, 1)

30. Calcule o perímetro de um quadrado cujos vértices estão localizados nos seguintes pontos de um plano cartesiano:

   A (0, 3), B (−3, 0), C (0, −3), D (3, 0)

31. Calcule a área do quadrado definido pelos pontos do exercício anterior.

32. Para calcular a inclinação de uma reta representada em um plano cartesiano, desenha-se um triângulo retângulo cuja hipotenusa é um segmento da reta. Os outros dois catetos do triângulo são paralelos aos eixos x e y. A inclinação é determinada dividindo-se o cateto paralelo ao eixo y pelo cateto paralelo ao eixo x. Use essas informações para calcular a inclinação da reta definida pelos pontos A (4, 3) e B (−3, −1).

33. Em cada caso, calcule a inclinação da reta definida pelos pontos:

   a) A (−1, −7), B (0, 0)
   b) A (−2, 1), B (3, −1)
   c) A (2, −3), B (2, 0)
   d) A (0, 3), B (5, 0)
   e) A (1, 1), B (2, 2)

34. Dadas as retas definidas pelos pontos r: A (5, 4), B (−1, −2) e s: C (1, 5), D (5, −1):

   a) Calcule a inclinação de cada uma das retas.
   b) Localize o ponto de interseção das duas retas.

35. Uma máquina consegue produzir 600 peças por hora. Escreva a lei de formação da função que relaciona o número y de peças que são produzidas em x horas.

36. Um técnico em informática cobra uma taxa fixa de R$ 40,00 pela visita e mais R$ 0,40 por minuto de mão de obra. Escreva a lei de formação da função que relaciona o valor que é pago por uma visita do técnico e o número de minutos que ele permanece no local para consertar um computador.

37. O computador de João apresentou um defeito e ele chamou o técnico do exercício anterior. O técnico levou 2 horas e 27 minutos para resolver o problema. Qual o valor que João terá de pagar para o técnico?

38. A área de um quadrado é uma função da medida do seu lado. Escreva a lei de formação da função que permite calcular a área de qualquer quadrado.

39. Dados os conjuntos a seguir, considere que x ∈ A e y ∈ B e encontre a lei de formação da função f: A → B:

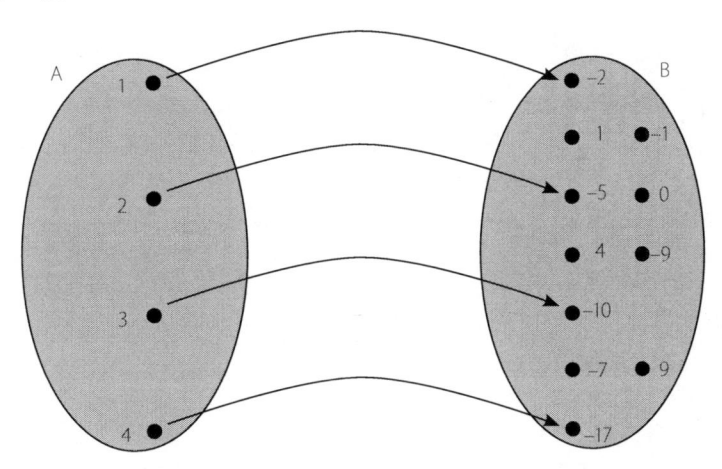

40. Dados os conjuntos a seguir, considere que x ∈ A e y ∈ B e encontre a lei de formação da função f: A → B:

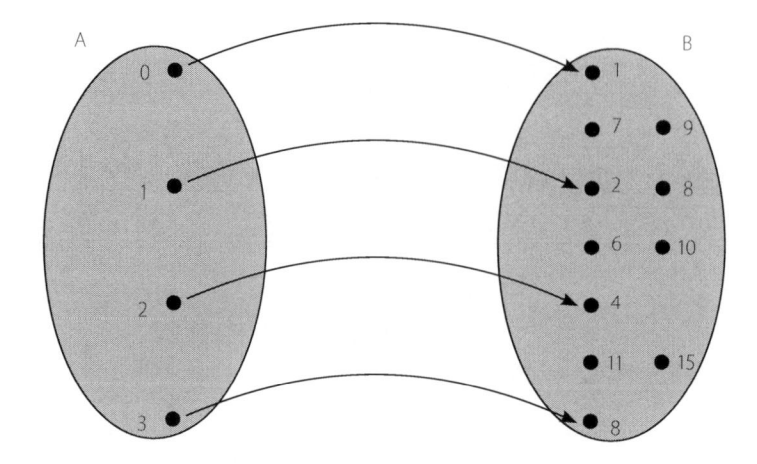

Logaritmos e funções

41. Dados os conjuntos a seguir, considere que x ∈ A e y ∈ B e encontre a lei de formação da função f: A → B:

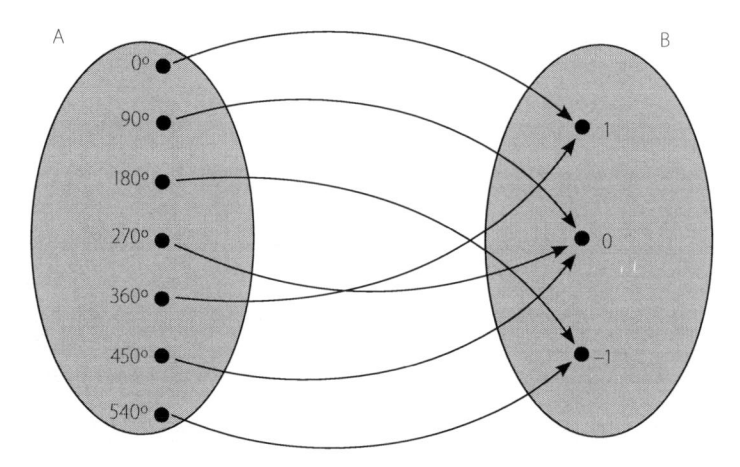

42. Uma locadora de jogos de videogames cobra pelo aluguel deles o valor estipulado pela seguinte tabela:

Quantidade de Blu-Ray (Q)	Preço em reais (P)
1	5,00
2	9,00
3	12,00
4	14,00
Acima de 5 Blu-Rays	3,00 cada Blu-Ray

a) Explique o porquê de a relação entre Q e P ser considerada uma função.
b) Diga qual a variável dependente e qual a variável independente.
c) Qual o valor que será pago por 8 Blu-Rays?
d) Qual o valor que será pago por Blu-Ray se um cliente alugar 4 Blu-Rays?

43. Determine o domínio das seguintes funções:

a) $f(x) = \dfrac{2}{x+3}$

b) $f(x) = \dfrac{x-1}{x^2 + 4x - 5}$

c) $f(x) = \dfrac{3x}{x^2 - 16}$

d) $f(x) = \dfrac{x-4}{x^2 - 2x}$

e) $f(x) = \dfrac{2}{3x}$

f) $f(x) = \sqrt{4x - 16}$

g) $f(x) = \dfrac{x-3}{\sqrt{x-9}}$

h) $f(x) = \dfrac{3x}{\log 2x + 4}$

i) $f(x) = \dfrac{2x}{\cos\left(x + \dfrac{\pi}{2}\right)}$

j) $f(x) = \dfrac{\sqrt{x+1}}{x} + \dfrac{1}{\sqrt{x+4}}$

44. Verifique se os gráficos a seguir representam funções:

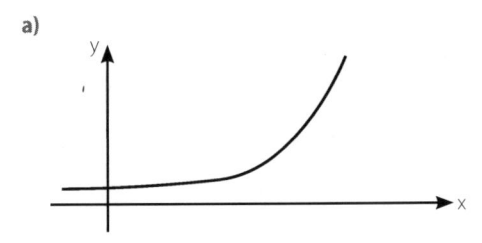

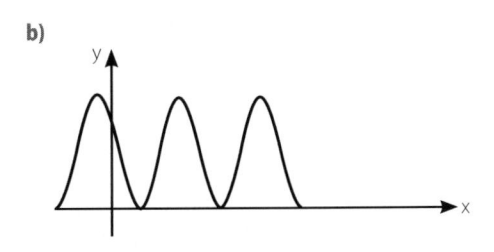

a)

b)

c)

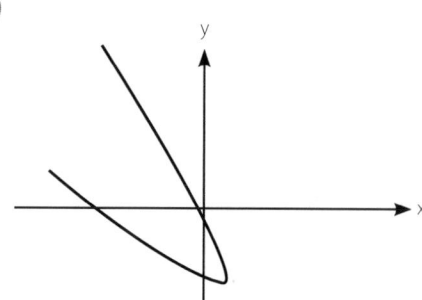

d)

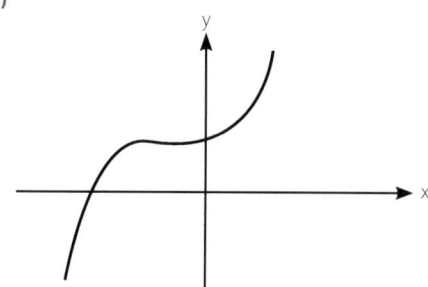

45. Classifique as funções a seguir em par, ímpar ou nem par, nem ímpar:

a) $f(x) = x^2 + 1$

b) $f(x) = x^2 + 2x$

c) $f(x) = x^3$

d) $f(x) = -2x$

e) $f(x) = x^4 - 1$

f) $f(x) = 2^x$

g) $f(x) = \cos x$

h) $f(x) = \operatorname{sen} x$

i) $f(x) = \dfrac{1}{x}$

j) $f(x) = \log x$

46. Verifique se as funções a seguir são crescentes ou decrescentes:

a) $f(x) = x$

b) $f(x) = -x$

c) $f(x) = 3^x$

d) $f(x) = \log x$

e) $f(x) = 2x - 1$

f) $f(x) = -x + 5$

g) $f(x) = -\log x$

47. O triângulo retângulo ABC está inscrito em uma circunferência de raio igual a 10 cm. Sua hipotenusa é o diâmetro da circunferência. Nesse contexto:

a) Se x é o comprimento do lado AC e y é o comprimento do lado BC, expresse o comprimento y como função de x e indique o seu domínio.

b) Expresse a área do triângulo ABC como uma função de x.

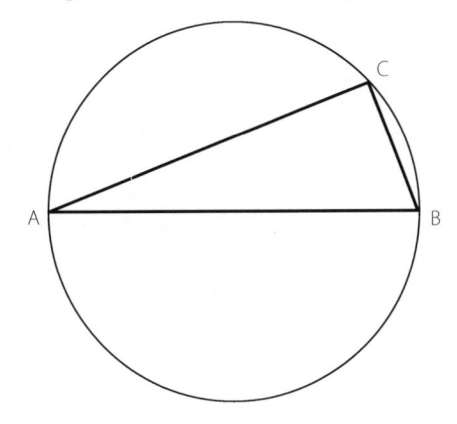

48. Determine a inversa de cada uma das funções a seguir:

a) $y = x - 5$

b) $y = \dfrac{3x - 2}{5}$

c) $y = \dfrac{2x}{3} + x$

d) $y = \dfrac{x}{2} + x$

2

Função modular

Conteúdos do capítulo

- Módulo ou valor absoluto de um número.
- Equações modulares.
- Funções modulares.
- Gráficos de funções modulares

Após o estudo deste capítulo, você será capaz de:

1. determinar o módulo ou valor absoluto de um número;
2. resolver equações modulares;
3. definir funções modulares;
4. traçar o gráfico de funções modulares.

No Capítulo 1 desta obra, iniciamos o estudo de funções. Vamos agora nos aprofundar um pouco mais nesse tema estudando as funções modulares. Primeiramente, aprenderemos a solucionar as equações modulares; depois, vamos traçar alguns gráficos dessas funções.

2.1 Módulo ou valor absoluto de um número

O módulo ou valor absoluto de um número real x é definido por:

$$|x| = \begin{cases} x, \text{ se } x \geq 0 \\ -x, \text{ se } x < 0 \end{cases}$$

Ou seja,

- o módulo ou valor absoluto de um número real não negativo é o próprio número;
- o módulo ou valor absoluto de um número real negativo é o seu oposto ou simétrico.

Dessa forma, podemos afirmar que, para qualquer valor de x real, o seu módulo ou valor absoluto sempre será positivo ou nulo. Vejamos alguns exemplos:

a. $|+3| = 3$

b. $|+500| = 500$

c. $|0| = 0$

d. $\left|+\dfrac{2}{3}\right| = \dfrac{2}{3}$

e. $|+\sqrt{50}| = 50$

f. $|-109| = 109$

g. $|-\sqrt{5}| = \sqrt{5}$

h. $\left|-\dfrac{5}{8}\right| = \dfrac{5}{8}$

2.2 Equações modulares

As equações cujas incógnitas estão em módulo são denominadas *equações modulares*. Exemplos:

a. $|x + 5| = 9$

b. $|x^2 - 5x| = 6$

c. $|7x + 1| = x + 13$

d. $|x - 3| = |5x + 1|$

e. $|x|^2 = |x| + 1$

Logaritmos e funções

Para resolver equações desse tipo, precisamos considerar as duas possibilidades que satisfazem a equação:

- a primeira consiste em considerar o resultado da expressão que está em módulo como sendo um número positivo;
- a segunda consiste em considerar o resultado da expressão que está em módulo como negativo.

Exemplo 2.1

Resolva a equação modular $|x + 5| = 9$.

Resolução:

É fácil perceber que essa equação tem duas respostas:

1. $x + 5 = 9$
   $x = 9 - 5 = 4$

2. $-(x + 5) = 9$
   $-x - 5 = 9$
   $-x = 9 + 5$
   $x = -14$

De fato, ambas as respostas satisfazem a equação:

Se $x = 4 \rightarrow |4 + 5| = 9 \rightarrow |9| = 9$
Se $x = -14 \rightarrow |-14 + 5| = 9 \rightarrow |-9| = 9$

Exemplo 2.2

Resolveremos a equação modular $|x^2 - 5x| = 6$.

Resolução:

Novamente, temos de considerar dois casos:

1. $x^2 - 5x = 6$
   $x^2 - 5x - 6 = 0$
   $\Delta = 49$
   $x_1 = 6$ e $x_2 = -1$

2. $-(x^2 - 5x) = 6$
   $x^2 - 5x = -6$
   $x^2 - 5x + 6 = 0$
   $\Delta = 1$
   $x_1 = 3$ e $x_2 = 2$

Assim, temos um conjunto de valores que satisfazem a equação modular. Chamamos esse conjunto de *conjunto solução* e o representamos da seguinte maneira:

S = {−1, 2, 3, 6}

Exemplo 2.3

Resolveremos a equação modular $|7x + 1| = x + 13$.

Resolução:

1. $|7x + 1| = x + 13$

   $7x + 1 = x + 13$

   $7x - x = 13 - 1$

   $6x = 12$

   $x = 2$

2. $-(7x + 1) = x + 13$

   $7x + 1 = -x - 13$

   $7x + x = -13 - 1$

   $8x = -14$

   $x = -\dfrac{14}{8} = -\dfrac{7}{4}$

Assim:

$S = \{2, -\dfrac{7}{4}\}$

Exemplo 2.4

Resolveremos a equação modular $|x - 3| = |5x + 1|$.

Resolução:

1. $x - 3 = 5x + 1$

   $-3 - 1 = 5x - x$

   $-4 = 4x$

   $x = -1$

2. $x - 3 = -(5x + 1)$

   $x - 3 = -5x - 1$

   $x + 5x = -1 + 3$

   $6x = 2$

   $x = \dfrac{2}{6} = \dfrac{1}{3}$

Assim:

$$S = \{-1, \frac{1}{3}\}$$

Exemplo 2.5

Resolveremos a equação modular $|x|^2 - |x| - 2 = 0$.

Resolução:

Nesse caso, teremos de lançar mão de um artifício matemático: utilizaremos uma variável auxiliar, por exemplo, w. Faremos $w = |x|$, atentando-nos para a necessidade de w ser um número positivo:

$w^2 - w - 2 = 0$

$\Delta = 9$

$w_1 = 2$ e $w_2 = -1$

A resposta que nos interessa é $w_1 = 2$.

Como:

$w = |x|$

Temos:

$S = \{-2, 2\}$

Exemplo 2.6

Resolveremos a equação modular $|x|^2 - 8|x| + 15 = 0$.

Resolução:

$w = |x|$

$w^2 - 8w + 15 = 0$

$\Delta = 4$

$w_1 = 5$ e $w_2 = 3$

Como:

$w = |x|$

Temos:

$S = \{-5, -3, 3, 5\}$

2.3 Funções modulares

O exemplo mais simples de função modular é a função:

y = f(x) = |x|

Para fazer o gráfico dessa função, basta atribuirmos valores para x e obtermos os correspondentes valores de y, conforme nos mostra a Tabela 2.1.

Tabela 2.1 – Determinação de pontos para a função modular y = f(x) = |x|

x	|x|	y
−4	|−4|	4
−3	|−3|	3
−2	|−2|	2
−1	|−1|	1
0	|0|	0
1	|1|	1
2	|2|	2
3	|3|	3
4	|4|	4

Inserindo os pontos no plano cartesiano, obtemos o Gráfico 2.1.

Gráfico 2.1 – Gráfico da função modular y = f(x) = |x|

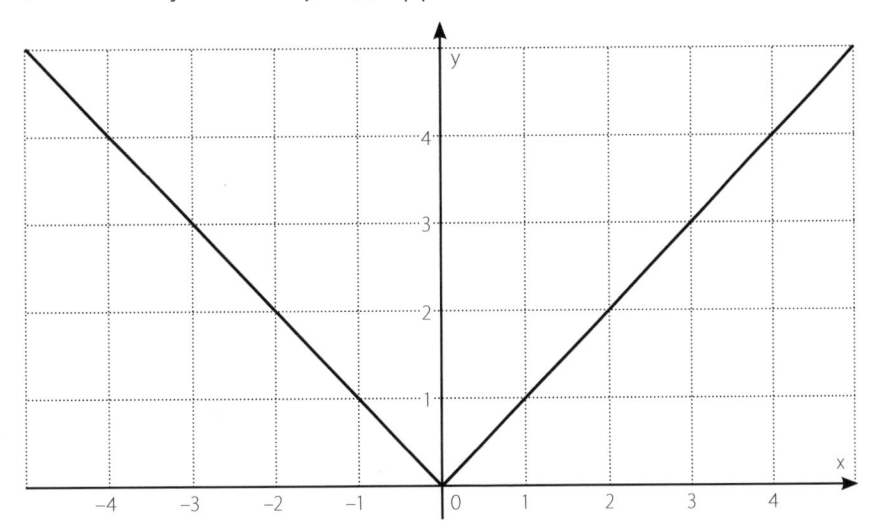

O domínio dessa função é D = R e a imagem é Im = R.

Logaritmos e funções

Exemplo 2.7

Faremos o gráfico da função y = f(x) = |x − 2|.

Resolução:

Tabela 2.2 − Determinação de pontos para a função modular y = f(x) = |x − 2|

x	|x − 2|	y
−2	|−4|	4
−1	|−3|	3
0	|−2|	2
1	|−1|	1
2	|0|	0
3	|1|	1
4	|2|	2
5	|3|	3
6	|4|	4

Inserindo os pontos no plano cartesiano, obtemos o Gráfico 2.2.

Gráfico 2.2 − Gráfico da função modular y = f(x) = |x − 2|

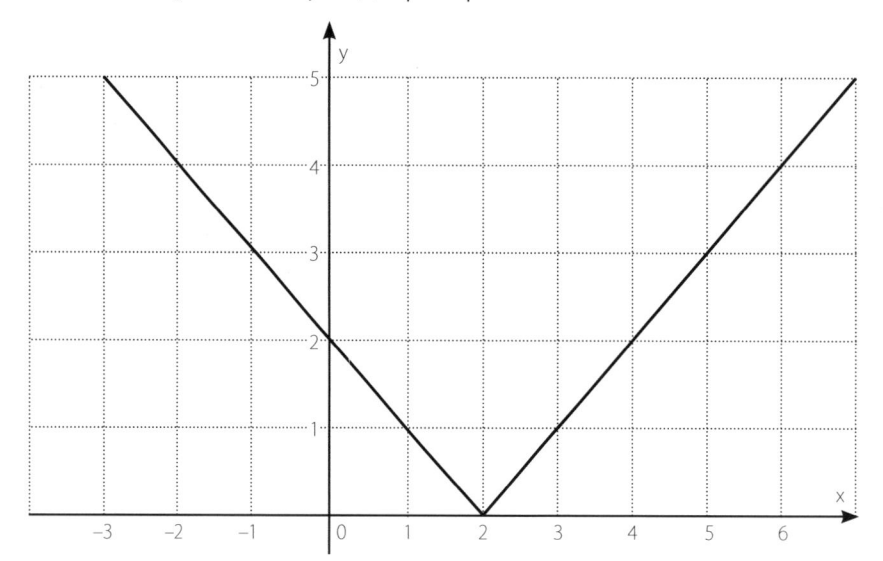

Capítulo 2 • Função modular

Exemplo 2.8

Faremos o gráfico da função $y = f(x) = |x - 1| + |x - 3|$.

Resolução:

Tabela 2.3 – Determinação de pontos para a função modular $y = f(x) = |x - 1| + |x - 3|$

x	|x − 1| + |x − 3|	y
−4	|−4 − 1| + |−4 − 3|	12
−3	|−3 − 1| + |−3 − 3|	10
−2	|−2 − 1| + |−2 − 3|	8
−1	|−1 − 1| + |−1 − 3|	6
0	|0 − 1| + |0 − 3|	4
1	|1 − 1| + |1 − 3|	2
2	|2 − 1| + |2 − 3|	2
3	|3 − 1| + |3 − 3|	2
4	|4 − 1| + |4 − 3|	4
5	|5 − 1| + |5 − 3|	6
6	|6 − 1| + |6 − 3|	8
7	|7 − 1| + |7 − 3|	10
8	|8 − 1| + |8 − 3|	12

Gráfico 2.3 – Gráfico da função modular $y = f(x) = |x - 1| + |x - 3|$

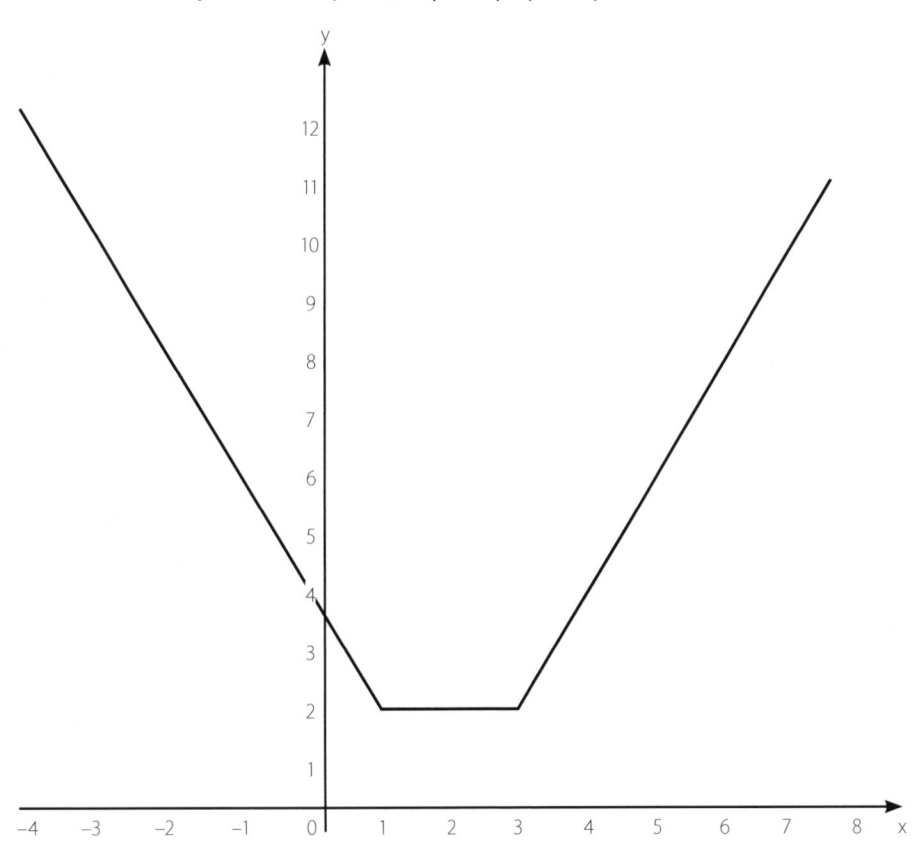

Exemplo 2.9

Faremos o gráfico da função $y = f(x) = |x^2 - 5x|$.

Resolução:

Tabela 2.4 – Determinação de pontos para a função modular $y = f(x) = |x^2 - 5x|$

x	$|x^2 - 5x|$	y
-2	$|(-2)^2 - 5 \cdot (-2)|$	14
-1	$|(-1)^2 - 5 \cdot (-1)|$	6
0	$|0^2 - 5 \cdot 0|$	0
1	$|1^2 - 5 \cdot 1|$	4
2	$|2^2 - 5 \cdot 2|$	6
3	$|3^2 - 5 \cdot 3|$	6
4	$|4^2 - 5 \cdot 4|$	4
5	$|5^2 - 5 \cdot 5|$	0
6	$|6^2 - 5 \cdot 6|$	6
7	$|7^2 - 5 \cdot 7|$	14

Gráfico 2.4 – Gráfico da função modular $y = f(x) = |x^2 - 5x|$

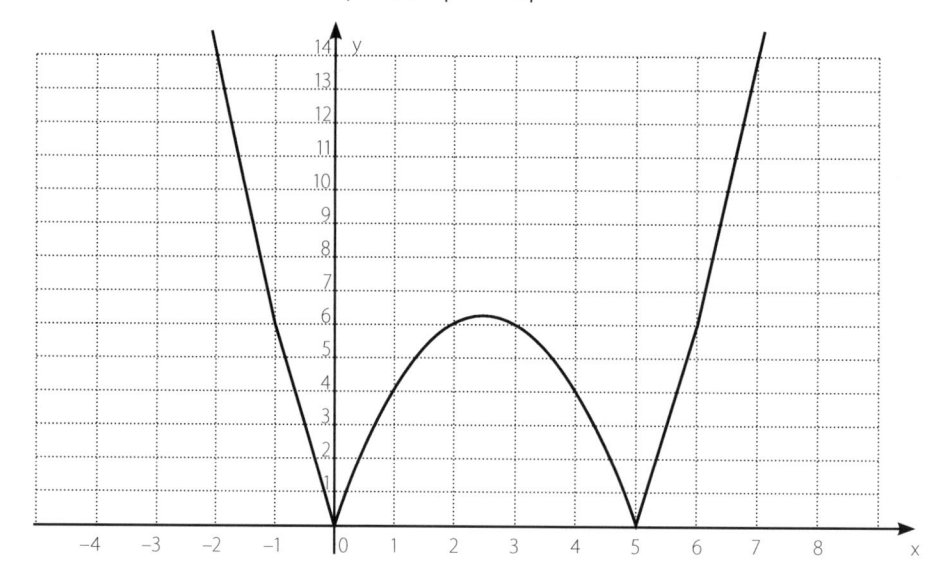

Síntese

Neste capítulo, vimos que o módulo ou valor absoluto de um número real *x* é definido por:

$$|x| = \begin{cases} x, \text{ se } x \geq 0 \\ -x, \text{ se } x < 0 \end{cases}$$

Além disso, verificamos que as equações cujas incógnitas estão em módulo são denominadas *equações modulares*. Para resolver equações desse tipo, precisamos considerar as duas possibilidades que satisfazem a equação:

1. Considerar o resultado da expressão que está em módulo como sendo um número positivo.
2. Considerar o resultado da expressão que está em módulo como negativo.

O exemplo mais simples de função modular é a função $y = f(x) = |x|$. Para fazer o gráfico dessa função, basta atribuirmos valores para *x* e obtermos os correspondentes valores de *y*.

Questões para revisão

1. Construa o gráfico da função $f(x) = |x| + 1$.

2. Construa o gráfico da função $f(x) = |2x + 4| - 3$.

3. Resolva a equação modular $|2x - 4| = |x + 1|$.

4. Resolva a equação modular $|x|^2 - 7|x| + 12 = 0$.

3

Exponenciais

Conteúdos do capítulo

- Equações exponenciais.
- Funções exponenciais.
- Gráficos de funções exponenciais.

Após o estudo deste capítulo, você será capaz de:

1. resolver equações exponenciais;
2. definir funções exponenciais;
3. traçar gráficos de funções exponenciais.

Dando sequência ao nosso estudo de funções, vamos aprender algumas técnicas para a resolução de equações exponenciais. Em seguida, daremos continuidade aos nossos estudos, compreendendo as funções exponenciais e traçando seus correspondentes gráficos.

3.1 Equações exponenciais

Toda equação cujo expoente é uma incógnita é chamada de *equação exponencial*. São equações da forma $y = a^x$. Além disso, elas são utilizadas para o cálculo da meia-vida de elementos radioativos, população de bactérias etc. Vejamos alguns exemplos:

a. $2^x = 16$

b. $3^x = \dfrac{1}{729}$

c. $5^{x-3} = 625^2$

d. $2^{x+1} + 2^{x-1} = 20$

e. $9^x - 7 \cdot 3^x - 18 = 0$

Exemplo 3.1

Resolveremos a equação exponencial $2^x = 16$.

Resolução:

O primeiro passo para resolvermos essa equação é decompor o número 16 em fatores primos:

16	2
8	2
4	2
2	2
1	2^4

Ou seja, $16 = 2^4$.

Logo: $2^x = 2^4$

Como as bases nos dois membros da equação são iguais, necessariamente os expoentes precisam ser iguais.

Assim:

$x = 4$

De fato, fazendo $x = 4$ na equação $2^x = 16$ tornamos o primeiro membro igual ao segundo.

Logaritmos e funções

Exemplo 3.2

Resolveremos a equação exponencial $3^x = \dfrac{1}{729}$.

Resolução:

Primeiramente, temos de decompor o número 729 em fatores primos:

729	3
243	3
81	3
27	3
9	3
3	3
1	3^6

Ou seja, $729 = 3^6$.

Reescrevendo a equação, temos:

$$3^x = \frac{1}{3^6}$$

Sabemos que uma potência que está no denominador de uma fração pode ser escrita no numerador. Para isso, é necessário alterar o sinal do seu expoente:

$$3^x = 3^{-6}$$

Novamente temos as bases iguais nos dois membros da equação. Logo, necessariamente os expoentes também o são. Assim,

$x = -6$

Exemplo 3.3

Resolveremos a equação exponencial $5^{x-3} = 625^2$.

Resolução:

625	5
125	5
25	5
5	5
1	5^4

$5^{x-3} = (5^4)^2$
$5^{x-3} = 5^8$
$x - 3 = 8$
$x = 11$

Exemplo 3.4

Resolveremos a equação exponencial $2^{x+1} + 2^{x-1} = 20$.

Resolução:

Nesse caso, primeiramente temos de isolar os termos que contêm as exponenciais. Para isso, vamos aplicar as regras de multiplicação de potências de mesma base. Sabemos que:

$a^x \cdot a^y = a^{x+y}$

Assim:

$2^x \cdot 2^1 + 2^x \cdot 2^{-1} = 20$

Vamos colocar 2^x em evidência:

$2^x \cdot (2^1 + 2^{-1}) = 20$

Um número elevado a um expoente negativo no numerador passa para o denominador com o sinal do expoente invertido:

$2^x \cdot \left(2 + \dfrac{1}{2}\right) = 20$

Calculamos o mínimo múltiplo comum (MMC) e somamos as frações:

$2^x \cdot \left(\dfrac{4+1}{2}\right) = 20$

$2^x \cdot \dfrac{5}{2} = 20$

$2^x = \dfrac{2 \cdot 20}{5}$

$2^x = 8$

Sabemos que $8 = 2^3$:

$2^x = 2^3$

Logo:

$x = 3$

De fato, se fizermos $x = 3$ na equação original, tornamos o primeiro membro igual ao segundo:

$2^{3+1} + 2^{3-1} = 20$
$2^4 + 2^2 = 20$
$16 + 4 = 20$

Exemplo 3.5

Resolveremos a equação exponencial $9^x - 7 \cdot 3^x - 18 = 0$.

Resolução:

Vale notarmos que a equação pode ser reescrita da seguinte maneira:

$3^{2x} - 7 \cdot 3^x - 18 = 0$

Aqui podemos utilizar o seguinte artifício matemático:

$w = 3^x$

$w^2 - 7w - 18 = 0$

Obtemos como resultado uma equação do segundo grau que pode ser facilmente resolvida aplicando-se a fórmula de Bhaskara:

$\Delta = 121$

$w_1 = -2$ e $w_2 = 9$

Como *w* precisa ser positivo, a resposta que nos interessa é $w_2 = 9$. Assim:

$w = 3^x$

$9 = 3^x$

$3^2 = 3^x$

$x = 2$

3.2 Funções exponenciais

Uma função f: R → R, cuja lei de formação é dada por $f(x) = a^x$, sendo $a > 0$ e $a \neq 1$, é denominada *função exponencial*.

Mas por que necessariamente a base *a* precisa ser positiva?

Se $a < 0$, então a função $f(x) = a^x$ não existe para certos valores de *x*. Vamos verificar?

Suponha que $a = -3$ e $x = \dfrac{1}{2}$.

$f\left(\dfrac{1}{2}\right) = (-3)^{1/2}$

Você já sabe que um expoente fracionário pode ser representado na forma de raiz, pois:

$(a)^{b/c} = \sqrt[c]{a^b}$

Assim, teríamos para os valores de $a = -3$ e $x = \dfrac{1}{2}$ o seguinte radical:

$f\left(\dfrac{1}{2}\right) = \sqrt{-3}$

Como não existe raiz de número negativo para uma função cujo domínio é o conjunto dos números reais, a função não existe para determinados valores de *x*. Por isso, em uma função exponencial, a base precisa necessariamente ser maior do que zero.

Por que a base precisa necessariamente ser diferente de 1?

Porque, se $a = 1$, teremos uma função constante, pois $f(x) = 1$ para qualquer valor de *x*. Vejamos a Tabela 3.1.

Tabela 3.1 – Valores de f(x) = a^x para a = 1

x	1^x	y
−4	$1^{-4} = \frac{1}{1^4}$	1
−3	$1^{-3} = \frac{1}{1^3}$	1
−2	$1^{-2} = \frac{1}{1^2}$	1
−1	$1^{-1} = \frac{1}{1^1}$	1
0	1^0	1
1	1^1	1
2	1^2	1
3	1^3	1
4	1^4	1

O gráfico dessa função está representado a seguir.

Gráfico 3.1 – Gráfico da função f(x) = a^x, para diferentes valores de x, quando a = 1

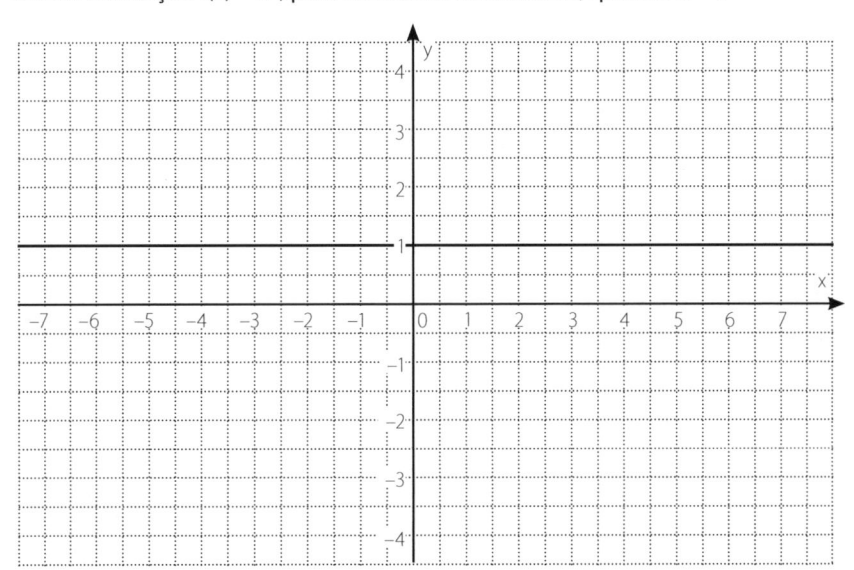

Para valores de *a* maiores que zero e diferentes de 1, temos de analisar dois casos:

1. a > 1 → a função será crescente.

2. 0 < a < 1 → a função será decrescente.

Exemplo 3.6

Desenvolveremos o gráfico da função y = f(x) = 2^x.

Resolução:

Vamos atribuir valores para *x* e construir uma tabela.

Logaritmos e funções

Tabela 3.2 – Valores de y = f(x) = 2^x para diferentes valores de x

x	2^x	y
−4	$2^{-4} = \dfrac{1}{2^4}$	0,0625
−3	$2^{-3} = \dfrac{1}{2^3}$	0,125
−2	$2^{-2} = \dfrac{1}{2^2}$	0,25
−1	$2^{-1} = \dfrac{1}{2^1}$	0,5
0	2^0	1
1	2^1	2
2	2^2	4
3	2^3	8
4	2^4	16

O gráfico correspondente é o 3.2.

Gráfico 3.2 – Gráfico da função y = f(x) = 2^x

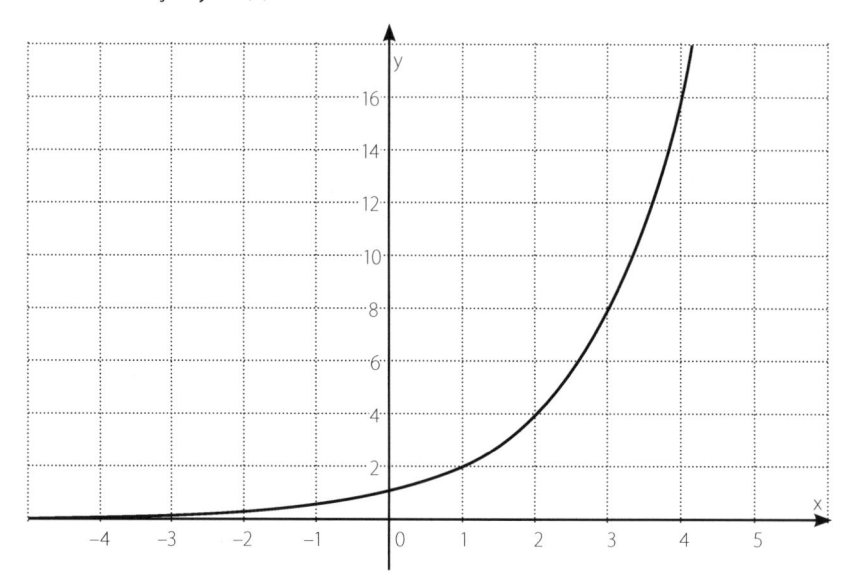

Note que, quanto maior é o valor de x, maior é o resultado da potência 2^x. Isso se repete para qualquer valor de a que seja maior que 1.

Exemplo 3.7

Faremos o gráfico da função y = f(x) = $\left(\dfrac{1}{2}\right)^x$.

Resolução:

Vamos atribuir valores para x e construir uma tabela.

Tabela 3.3 – Valores de y = f(x) = $\left(\dfrac{1}{2}\right)^x$, para diferentes valores de x

x	$\left(\dfrac{1}{2}\right)^x$	y
−4	$\left(\dfrac{1}{2}\right)^{-4} = \dfrac{1}{2^{-4}} = 2^4$	16
−3	$\left(\dfrac{1}{2}\right)^{-3} = \dfrac{1}{2^{-3}} = 2^3$	8
−2	$\left(\dfrac{1}{2}\right)^{-2} = \dfrac{1}{2^{-2}} = 2^2$	4
−1	$\left(\dfrac{1}{2}\right)^{-1} = \dfrac{1}{2^{-1}} = 2^1$	2
0	$\left(\dfrac{1}{2}\right)^0 = \dfrac{1}{2^0}$	1
1	$\left(\dfrac{1}{2}\right)^1 = \dfrac{1}{2}$	0,5
2	$\left(\dfrac{1}{2}\right)^2 = \dfrac{1}{2^2}$	0,25
3	$\left(\dfrac{1}{2}\right)^3 = \dfrac{1}{2^3}$	0,125
4	$\left(\dfrac{1}{2}\right)^4 = \dfrac{1}{2^4}$	0,0625

Gráfico 3.3 – Gráfico da função y = f(x) = $\left(\dfrac{1}{2}\right)^x$

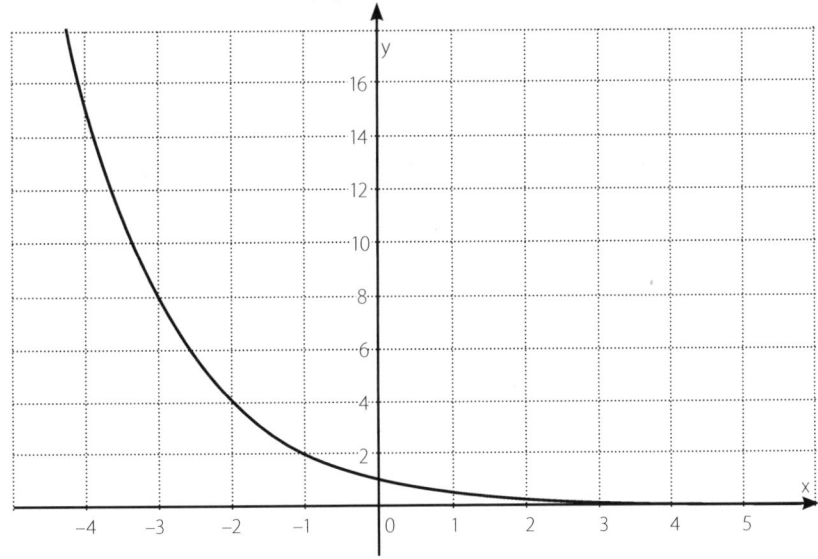

Quanto maior é o valor de *x*, menor é o resultado da potência $\left(\dfrac{1}{2}\right)^x$. Isso se repete para qualquer valor de *a* que seja maior que zero e menor que 1.

Logaritmos e funções

> **Importante!**
>
> Os dois últimos exemplos mostram que o domínio de uma função exponencial é o conjunto dos números reais e a sua imagem é o conjunto dos números reais positivos e diferentes de zero:
>
> $$D = \mathbb{R}^*$$
> $$\text{Im} = \mathbb{R}_+^*$$
>
> função exponecial

Analisaremos agora algumas aplicações da função exponencial.

3.3 Aplicações da função exponencial

Na matemática financeira, o montante (M) é definido como a soma do capital inicial (C) mais os juros (J):

$$M = C + J$$

No regime de capitalização composta, a taxa de juros (i) incide sempre sobre o montante produzido no final do período de capitalização (n) imediatamente anterior.

Tabela 3.4 – Determinação do montante após n períodos de capitalização

Períodos de capitalização	Montante produzido no final do período anterior	Juros	Montante produzido no final do período atual
1	C	$C \cdot i$	$M_1 = C + C \cdot i = C(1+i)$
2	M_1	$M_1 \cdot i$	$M_2 = M_1 + M_1 \cdot i = M_1(1+i) = C(1+i)(1+i) = C(1+i)^2$
3	M_2	$M_2 \cdot i$	$M_3 = M_2 + M_2 \cdot i = M_2(1+i) = C(1+i)^2(1+i) = C(1+i)^3$
4	M_3	$M_3 \cdot i$	$M_4 = M_3 + M_3 \cdot i = M_3(1+i) = C(1+i)^3(1+i) = C(1+i)^4$
5	M_4	$M_4 \cdot i$	$M_5 = M_4 + M_4 \cdot i = M_4(1+i) = C(1+i)^4(1+i) = C(1+i)^5$
n	M_n	$M_n \cdot i$	$M_n = M_{n-1} + M_{n-1} \cdot i = M_{n-1}(1+i) = C(1+i)^{n-1}(1+i) = C(1+i)^n$

Portanto:

$$M = C(1+i)^n$$

Exemplo 3.8

João investiu R$ 500,00 em um fundo cuja rentabilidade é de 2% ao mês. Determinaremos quanto ele terá ao final de 12 meses e faremos o gráfico da função mostrando a evolução do investimento ao longo do tempo.

Resolução:

Podemos aplicar diretamente a função exponencial que relaciona o montante (M) com o número de períodos de capitalização:

$$M = C(1 + i)^n$$

$$M = 500\left(1 + \frac{2}{100}\right)^{12}$$

$$M = 500(1,02)^{12}$$

$$M = R\$\ 634,12$$

Ou seja, após 12 meses, o novo negócio do empresário estará valendo R$ 634,12. A forma dessa função é representada pelo Gráfico 3.4.

Gráfico 3.4 – Curva do montante após n períodos de capitalização

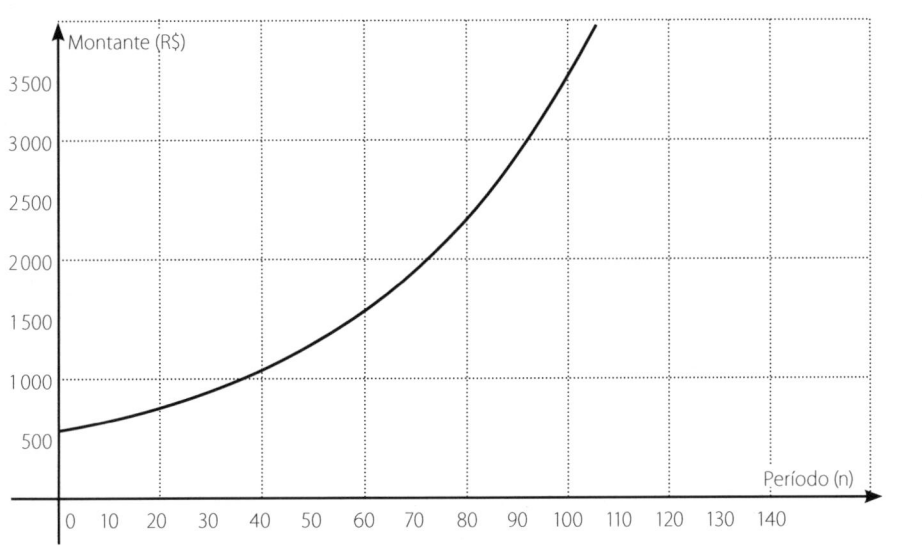

As funções exponenciais são utilizadas também para fazer a previsão do crescimento da população de determinados tipos de bactérias.

Exemplo 3.9

Um experimento mostra que o número de bactérias presentes em determinado meio triplica de hora em hora. Se no início do experimento existem 2 (duas) bactérias, quantas existirão após 10 horas?

Resolução:

Vamos montar uma tabela para descobrir qual a lei de formação que permite calcular o número de bactérias em um determinado instante de tempo.

Logaritmos e funções

Tabela 3.5 – Determinação da lei de formação para o cálculo do número de bactérias em determinado experimento

t(h)	Bactérias
0	$2 \cdot 3^0 = 2$
1	$2 \cdot 3^1 = 6$
2	$2 \cdot 3^2 = 18$
3	$2 \cdot 3^3 = 54$
4	$2 \cdot 3^4 = 162$
5	$2 \cdot 3^5 = 486$
n	$2 \cdot 3^n$

Identificamos que a lei de formação que permite calcular a população (P) de bactérias é dada por:

$P = 2 \cdot 3^t$

Nela, t é o número de horas após o início do experimento. Assim, para $t = 10$, temos:

$P = 2 \cdot 3^{10}$

$P = 2 \cdot 59\,049$

$P = 118\,098$

Ou seja, após 10 horas do início da experiência, a população de bactérias é de 118 098 indivíduos. Veja a seguir o gráfico que mostra a evolução do número de bactérias.

Gráfico 3.5 – Evolução do número de bactérias em um experimento

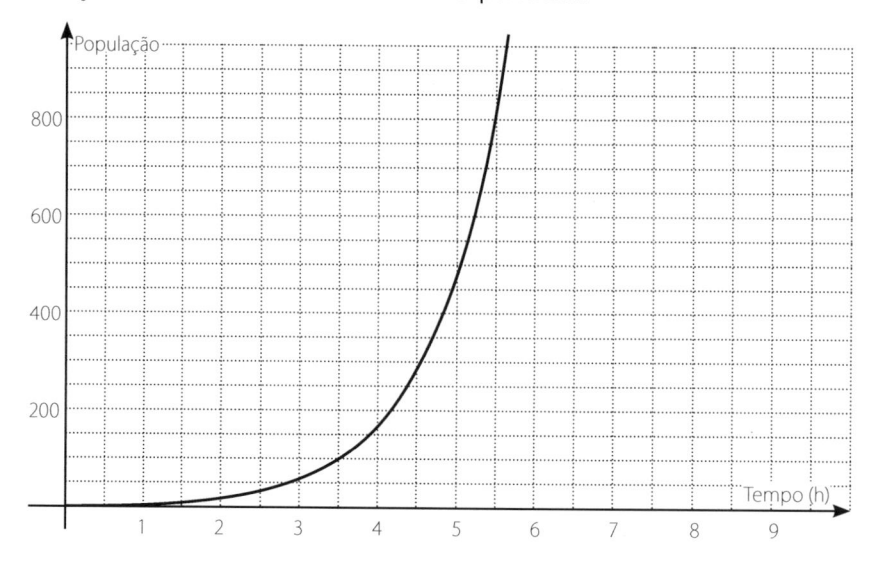

É importante notarmos que, como o crescimento da população é exponencial, o número de bactérias cresce rapidamente.

Outra aplicação para as funções exponenciais está no cálculo da meia-vida de certas substâncias radioativas. O carbono-14 (massa atômica 14), por exemplo, é um elemento radioativo que tem dois nêutrons a mais que o carbono-12, fazendo com que ele se torne instável. A desintegração do carbono-14, por sua vez, também faz com que um nêutron se desintegre, produzindo um próton e emitindo uma partícula beta. Com isso, o seu número atômico aumenta de 6 para 7, dando origem ao nitrogênio-14.

Como a idade de certos fósseis é determinada pela análise do carbono?

O carbono-14 é absorvido tanto pelos vegetais quanto pelos animais. Enquanto os seres vivos têm vida, a relação entre a quantidade de carbono-14 e carbono-12 existente neles é constante. Quando o ser vivo morre, a quantidade de carbono-14 começa a diminuir, enquanto a de carbono-12 permanece a mesma.

A meia-vida do carbono-14 é de 5.568 anos, ou seja, para que a sua quantidade seja reduzida à metade, é preciso que se passe 5.568 anos. Porém o fenômeno da desintegração não ocorre somente com o carbono-14. Outros elementos também são instáveis e se desintegram. A Tabela 3.6 apresenta alguns desses elementos e seus correspondentes tempos de meia-vida.

Tabela 3.6 – Tempos de meia-vida de alguns elementos

Substância	Meia-vida
Xenônio-133	5 dias
Bário-140	13 dias
Chumbo-210	22 anos
Estrôncio-90	25 anos
Carbono-14	5.568 anos
Plutônio	23.103 anos
Urânio-238	4.500.000.000 anos

Fonte: Fogaça, 2014.

Imagine que tenhamos 200 kg de chumbo-210 no ano de 2015. O período de meia-vida dessa substância é de 22 anos. Em 2037, devido ao decaimento radioativo, teremos somente 100 kg desse elemento, e em 2059, teremos apenas 50 kg, e assim por diante.

Exemplo 3.10

Determinado elemento possui meia-vida igual a 50 anos. Supondo que tenhamos 20 kg desse elemento:

a) Qual a função que permite calcular a massa desse elemento em qualquer instante de tempo?
b) Qual a massa resultante após 120 anos?
c) Qual o gráfico que representa o decaimento?

Resolução:

a) Vamos construir uma tabela que demonstre o decaimento do elemento ao longo do tempo.

Logaritmos e funções

Tabela 3.7 – Determinação da lei de formação do decaimento de um elemento após n anos

Tempo (anos)	Massa (kg)
0	20
50	10
100	5
150	2,5
200	1,25
250	0,625
300	0,3125

Nesse exemplo, a taxa de decaimento do elemento, em determinado instante de tempo t, é proporcional à quantidade de massa do elemento que ainda existe no mesmo instante de tempo t. Por ora, podemos relacionar a primeira coluna com a segunda na tentativa de enxergar alguma regularidade:

Tempo (anos)	Massa (kg)
0	$\frac{20}{2^0} = 20$
50	$\frac{20}{2^1} = 10$
100	$\frac{20}{2^2} = 5$
150	$\frac{20}{2^3} = 2,5$
200	$\frac{20}{2^4} = 1,25$
250	$\frac{20}{2^5} = 0,625$
300	$\frac{20}{2^6} = 0,3125$

Note que, na segunda coluna, o número 20 está no numerador de todas as razões, enquanto no denominador temos uma potência cuja base é sempre 2. Note também que o expoente da potência é o único valor que varia, sempre sendo acrescido de uma unidade. Como podemos relacionar o expoente da potência com os valores da primeira coluna? Vejamos:

Tempo (anos)	Massa (kg)
0	$\frac{20}{2^0} = \frac{20}{2^{0,02 \cdot 0}} = 20$
50	$\frac{20}{2^1} = \frac{20}{2^{0,02 \cdot 50}} = 10$
100	$\frac{20}{2^2} = \frac{20}{2^{0,02 \cdot 100}} = 5$
150	$\frac{20}{2^3} = \frac{20}{2^{0,02 \cdot 150}} = 2,5$
200	$\frac{20}{2^4} = \frac{20}{2^{0,02 \cdot 200}} = 1,25$
250	$\frac{20}{2^5} = \frac{20}{2^{0,02 \cdot 250}} = 0,625$
300	$\frac{20}{2^6} = \frac{20}{2^{0,02 \cdot 300}} = 0,3125$

Percebemos claramente que a segunda coluna está relacionada com a primeira pela seguinte lei de formação:

$$M = \frac{20}{2^{0,02t}}$$

Ou, equivalentemente:

$$M = 20 \cdot 2^{-0,02t}$$

b) Para calcular a massa do elemento após 120 anos, basta utilizarmos a função:

$$M = 20 \cdot 2^{-0,02 \cdot 120}$$
$$M = 20 \cdot 2^{-2,4}$$
$$M = 20 \cdot \frac{1}{2^{2,4}} = \frac{20}{2^{2,4}}$$

$$M = \frac{20}{5,27803}$$

$$M = 3,789 \text{ kg}$$

Ou seja, após 120 anos, a massa do elemento é de 3,789 kg.

c) Para fazer o gráfico que representa o decaimento do elemento, podemos utilizar os dados da tabela construída no item "a". Veja:

Gráfico 3.6 – Decaimento de um elemento após n anos

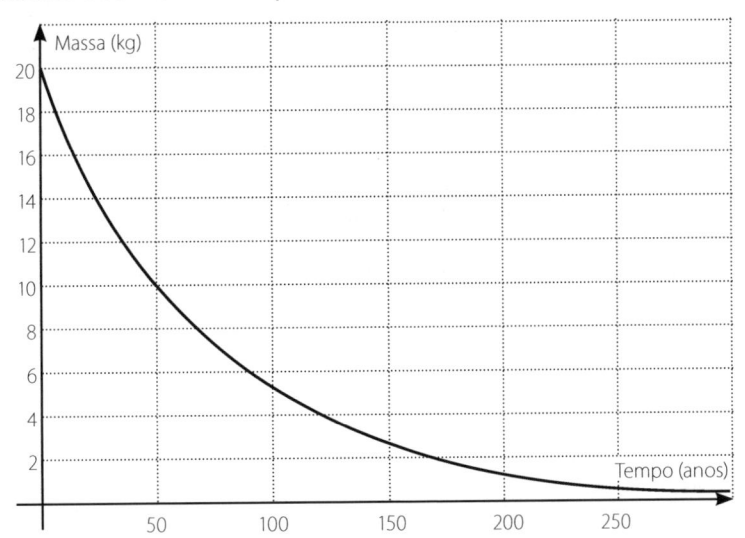

Para o entendimento do Exemplo 3.11, vamos considerar a seguinte explicação:

O sistema a seguir é chamado de *associação de polias móveis*, também conhecido como *talha exponencial*, cuja invenção é atribuída a Arquimedes. A força que deve ser empregada na corda para levantar a massa presa a uma das polias depende do número de polias que formam o sistema. Vale notarmos que uma das polias é fixa e as outras são móveis. Se o sistema for composto somente pela polia fixa, a força empregada para levantar um objeto deve ser igual ao seu peso. Se colocarmos uma polia móvel no sistema, a força para levantar o objeto se reduz à metade do seu peso. Caso sejam colocadas duas polias móveis, a força necessária se reduz a um quarto do peso do objeto.

Figura 3.1 – Sistema de polias (Adaptado de UFU-MG)

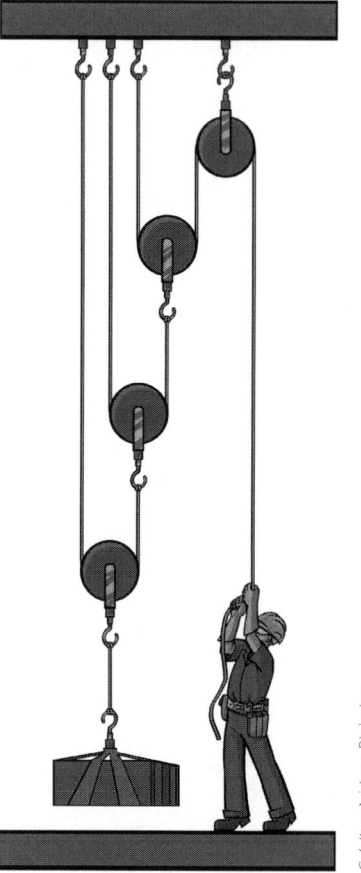

A fórmula que relaciona o número de polias (n) com a força F que deve ser empregada para levantar um peso P é a seguinte:

$$F = P \cdot 2^{-n}$$

Exemplo 3.11

O Gráfico 3.7 expressa a força F que deve ser empregada a um sistema de polias móveis para levantar um peso de 3 000 N (aproximadamente 300 kg). O gráfico não é contínuo, ou seja, ele apresenta somente alguns pontos marcados. Isso porque é possível acoplar ao sistema apenas um número inteiro de polias. Logo, o domínio da função é igual ao conjunto dos números naturais (D = N). Qual deve ser o número de polias para que a força empregada seja igual a 187,5 N?

Gráfico 3.7 – Força F que deve ser empregada para levantar um peso de 3 000 N

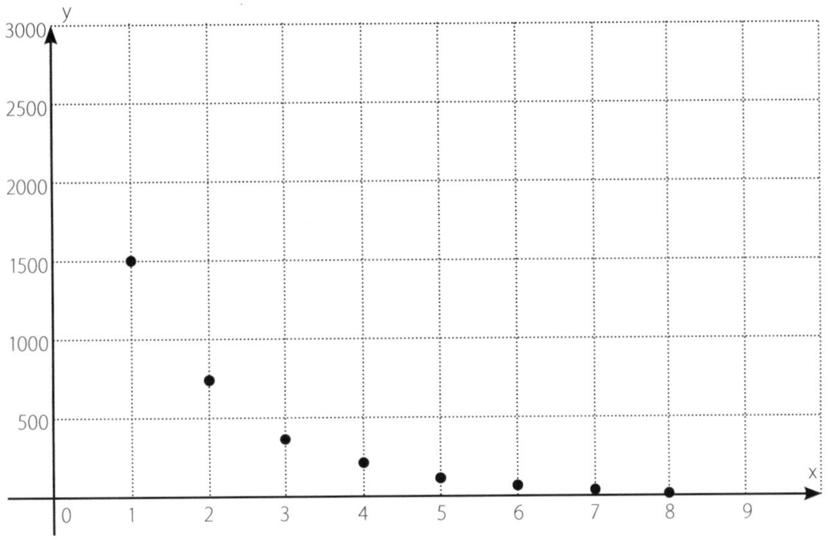

Resolução:

A fórmula que relaciona o número de polias com a força que deve ser empregada ao sistema é:

$$F = P \cdot 2^{-n}$$

Substituindo o peso de 3 000 N na fórmula, obtemos:

$F = 3\,000 \cdot 2^{-n}$

Poderíamos utilizar técnicas logarítmicas para resolver o problema, mas como ainda não as aprendemos, vamos montar uma tabela que permitirá descobrir o número de polias.

Tabela 3.8 – Determinação do número de polias em função da força empregada

Número de polias (n)	$3\,000 \cdot 2^{-n}$	F (N)
0	$3\,000 \cdot 2^{-0} = 3\,000 \cdot 2^{0}$	3 000
1	$3\,000 \cdot 2^{-1} = \dfrac{3\,000}{2^{1}}$	1 500
2	$3\,000 \cdot 2^{-2} = \dfrac{3\,000}{2^{2}}$	750
3	$3\,000 \cdot 2^{-3} = \dfrac{3\,000}{2^{3}}$	375
4	$3\,000 \cdot 2^{-4} = \dfrac{3\,000}{2^{4}}$	187,5
5	$3\,000 \cdot 2^{-5} = \dfrac{3\,000}{2^{5}}$	93,75

Portanto, o número de polias necessárias para que a força empregada seja de 187,5 N é 4.

Logaritmos e funções

Síntese

Neste capítulo, averiguamos as equações exponenciais, nas quais as incógnitas estão nos expoentes. Com o domínio desse assunto, pudemos analisar as funções exponenciais e traçar os seus gráficos. Por fim, verificamos que as aplicações das funções exponenciais na resolução de problemas cotidianos são muitas e que, agora, estamos aptos a utilizá-las.

Questões para revisão

1. Resolva as seguintes equações exponenciais:

   a) $2^{x-2} = 64$

   b) $3^{x+2} = 27^{x-4}$

   c) $3^{x+2} + 9^{x+1} = 810$

   d) $2^{x+1} + 2^{x-2} - 2^{x-3} = 17$

   e) $\sqrt[x]{4} \cdot \sqrt[x-1]{2} = 4$

2. (Adaptado de Unifor/CE) Mensalmente, a produção em toneladas de certa indústria é dada pela expressão $y = 100 - 100 \cdot 4^{-0,05x}$, na qual x é o número de meses contados a partir de certa data. Após quantos meses a produção atingirá a marca de 50 toneladas?

4

Logaritmos

Conteúdos do capítulo

- Definição de logaritmo.
- Propriedades dos logaritmos.
- Mudança de base.
- Função logarítmica.

Após o estudo deste capítulo, você será capaz de:

1. definir o que se entende por logaritmo;
2. aplicar as propriedades dos logaritmos;
3. efetuar a mudança de base de um logaritmo;
4. resolver funções logarítmicas.

Capítulo 4 • Logaritmos

Chegou a hora de estudarmos os logaritmos. Sendo assim, neste capítulo vamos conhecer suas propriedades e aplicações na resolução de problemas. Para conseguirmos trabalhar em qualquer base, aprenderemos a fazer a mudança de base de um logaritmo e, por fim, vamos estudar as funções logarítmicas e como resolvê-las.

4.1 Aspectos históricos

Os logaritmos surgiram por volta do início do século XVII, com a finalidade de facilitar e simplificar os cálculos aritméticos (*aritmética* é o ramo da matemática que estuda os números e as possíveis operações entre eles).

Vamos dar início aos nossos estudos sobre logaritmos? Considere as seguintes operações:

a. $320 \cdot 17 =$

b. $320 + 17 =$

c. $320 \div 17 =$

d. $320 - 17 =$

Qual dessas operações é mais fácil e rápida de ser resolvida sem a ajuda de computadores, calculadoras ou qualquer outro dispositivo?

Obviamente, somar ou subtrair é mais fácil e rápido do que multiplicar ou dividir. Foi devido a essa percepção que os matemáticos – em uma época em que não tinham à disposição os equipamentos de cálculo modernos – propuseram o artifício matemático chamado *logaritmo*. Os logaritmos surgiram simplesmente para agilizar as contas.

O matemático escocês John Napier (1550-1617) foi o primeiro a introduzir o cálculo logarítmico, o que ocorreu em 1614. Em um mundo em que não se conhecia calculadoras e tampouco computadores, as pessoas preferiam fazer adições e subtrações em vez de multiplicações e divisões. Johannes Kepler (1571-1630), astrônomo alemão conhecido pela formulação das leis fundamentais da mecânica celeste, também conhecidas como *Leis de Kepler*, foi um grande entusiasta dos cálculos logarítmicos, chegando a afirmar que o surgimento das técnicas logarítmicas permitiriam aos astrônomos fazer o trabalho de duas vidas em uma só. Após dominar as técnicas logarítmicas, os cálculos, antes realizados em meses, eram reduzidos a dias.

Hoje, os logaritmos têm inúmeras aplicações, tanto na matemática como em diversas outras áreas do conhecimento, como física, biologia, química, medicina e geografia.

Vamos nos imaginar vivendo no início do século XVII, sem calculadoras, computadores ou quaisquer dispositivos capazes de fazer contas. Agora, suponhamos que recebemos a difícil missão de resolver a seguinte conta:

$$\sqrt[7]{\frac{7,3 \cdot 5,9 \cdot 10,1}{8,7}}$$

Logaritmos e funções

Fácil ou difícil?

Fazer uma conta dessas no "braço" não é uma tarefa fácil. E foi por causa dessa dificuldade que a introdução do artifício matemático do logaritmo foi amplamente aceita e difundida. Vejamos qual a lógica que está subjacente à ideia das operações logarítmicas.

A ideia principal é que todo número positivo pode ser escrito na forma de uma potência. A base 10 era a mais utilizada inicialmente. Vamos conhecer alguns logaritmos nessa base.

Tabela 4.1 – Alguns logaritmos na base 10

Número	Potência de 10	Logaritmo
1	10^0	0
2	$10^{0,301}$	0,301
3	$10^{0,477}$	0,477
4	$10^{0,602}$	0,602
5	$10^{0,700}$	0,700
6	$10^{0,778}$	0,778
7	$10^{0,845}$	0,845
8	$10^{0,903}$	0,903
9	$10^{0,954}$	0,954
10	10^1	1
...	...	...
100	10^2	2
...	...	...
1000	10^3	3

Na terceira coluna, temos os logaritmos dos números que estão na primeira coluna. Por exemplo:

- O número 0 é o logaritmo de 1 na base 10;
- O número 0,301 é o logaritmo de 2 na base 10;
- O número 0,903 é o logaritmo de 8 na base 10, e assim por diante.

Muitos matemáticos se dedicaram a construir as chamadas *tábuas de logaritmos*. Na Tabela 4.2, temos um exemplo de tábua que permite calcular o logaritmo na base 10 de alguns números decimais.

Tabela 4.2 – Tábua de logaritmos na base 10

Parte inteira \ Parte decimal	0	0,1	0,2	0,3	0,4	0,5	0,6	0,7	0,8	0,9
0	–	-1	-0,699	-0,523	-0,398	-0,301	-0,222	-0,155	-0,097	-0,046
1	0	0,0414	0,0792	0,1139	0,1461	0,1761	0,2041	0,2304	0,2427	0,2788
2	0,3010	0,3222	0,3424	0,3617	0,3802	0,3979	0,4150	0,4314	0,4472	0,4624
3	0,4771	0,4914	0,5052	0,5185	0,5315	0,5441	0,5563	0,5682	0,5798	0,5911
4	0,6021	0,6128	0,6233	0,6335	0,6435	0,6532	0,6628	0,6721	0,6812	0,6902
5	0,6990	0,7076	0,7160	0,7243	0,7324	0,7404	0,7482	0,7559	0,7634	0,7709

(continua)

(Tabela 4.2 – conclusão)

Parte inteira \ Parte decimal	0	0,1	0,2	0,3	0,4	0,5	0,6	0,7	0,8	0,9
6		0,7782	0,7853	0,7924	0,7993	0,8062	0,8129	0,8195	0,8261	0,8325	0,8388
7		0,8451	0,8513	0,8573	0,8633	0,8692	0,8751	0,8808	0,8865	0,8921	0,8976
8		0,9031	0,9085	0,9138	0,9191	0,9243	0,9294	0,9345	0,9395	0,9445	0,9494
9		0,9542	0,959	0,9638	0,9685	0,9731	0,9777	0,9823	0,9868	0,9912	0,9956
10	1	1,0043	1,0086	1,0128	1,017	1,0212	1,0253	1,0294	1,0334	1,0374
11		1,0414	1,0453	1,0492	1,0531	1,0569	1,0607	1,0645	1,0682	1,0719	1,0755
12		1,0792	1,0828	1,0864	1,0899	1,0934	1,0969	1,1004	1,1038	1,1072	1,1106
13		1,114	1,117	1,121	1,124	1,127	1,130	1,134	1,137	1,140	1,143
14		1,146	1,149	1,152	1,155	1,158	1,161	1,164	1,167	1,170	1,173
15		1,176	1,179	1,182	1,185	1,188	1,190	1,193	1,196	1,199	1,201
16		1,204	1,207	1,210	1,212	1,215	1,217	1,220	1,223	1,225	1,228
17		1,230	1,233	1,236	1,238	1,241	1,243	1,246	1,248	1,25	1,253
18		1,255	1,2580	1,26	1,262	1,265	1,267	1,270	1,272	1,274	1,276
19		1,279	1,281	1,283	1,286	1,288	1,290	1,292	1,294	1,297	1,299
20		1,301	1,303	1,305	1,307	1,310	1,312	1,314	1,316	1,318	1,320

Como localizar o logaritmo de um número utilizando a Tabela 4.2?

Na tabela, o logaritmo de um número está na interseção da linha em que se encontra a parte inteira desse número com a coluna em que se encontra a sua parte decimal. Por exemplo, vamos localizar na tabela o logaritmo de 8,3. Para isso:

1º: localizaremos a linha em que está o número 8 (a parte inteira);

2º: localizaremos a coluna em que está a parte decimal 0,3;

3º: na interseção entre a linha e a coluna, está a célula que contém o valor do logaritmo de 8,3, que é 0,9191. Isso quer dizer que $8,3 = 10^{0,9191}$.

Agora que já sabemos localizar na tábua alguns logaritmos, vamos tentar resolver a operação que foi proposta anteriormente.

4.2 Representação dos logaritmos

Vimos até agora que os logaritmos podem ser escritos na base 10. No entanto, podemos escrevê-los em qualquer base positiva que seja diferente de 1. Veja:

- $\log_5 3 = 0,682606$, porque $3 = 5^{0,682606}$
- $\log_2 5 = 2,321928$, porque $5 = 2^{2,321928}$
- $\log_9 6 = 0,815465$, porque $6 = 9^{0,815465}$
- $\log_7 35 = 1,827087$, porque $35 = 7^{1,827087}$

Assim, podemos generalizar dizendo que:

$$\log_a b = x \quad \leftrightarrow \quad a^x = b \quad a > 0, b > 0 \text{ e } a \neq 1$$

Logaritmos e funções

Em que b é chamado de *logaritmando*.

Quando a base é igual a 10 ($a = 10$), é usual não escrevê-la. Assim, o logaritmo de um número b nessa base é escrito da seguinte maneira:

$$\log b = x \quad \leftrightarrow \quad 10^x = b$$

Outra base bastante utilizada é o número irracional $e = 2{,}718281828\ldots$. O sistema de logaritmos escrito com essa base leva o nome de *sistema de logaritmos neperianos* (ou *sistema de logaritmos naturais*), em homenagem a John Napier, a quem muitos atribuem a criação dos logaritmos. Esse matemático, físico, astrônomo, astrólogo e teólogo foi o primeiro a fazer referência ao número $2{,}718281828\ldots$ Mais tarde, Leonhard Euler mostrou que esse número é o limite da expressão $\left(1 + \dfrac{1}{x}\right)^x$, quando x tende ao infinito, ou seja:

$$e = \lim_{x \to \infty} \left(1 + \frac{1}{x}\right)^x = 2{,}718281828\ldots$$

O número ficou conhecido como *número de Euler*.

Quando a base do logaritmo é igual a e, escrevemos o logaritmo de um número positivo b como:

$$\ln b = x \quad \leftrightarrow \quad e^x = b \quad b > 0$$

Exemplo 4.1

Considere $3 = 10^{0{,}477}$ e $7 = 10^{0{,}845}$ e calcule $\log 2{,}1$.

Resolução:

De acordo com a definição de logaritmos, temos:

$$\log 2{,}1 = x$$
$$10^x = 2{,}1$$

O número 2,1 pode ser escrito como:

$$10^x = \frac{3 \cdot 7}{10^1}$$

Substituindo os dados do enunciado, obtemos:

$$10^x = \frac{10^{0{,}477} \cdot 10^{0{,}845}}{10^1}$$

Realizando as operações com potências de mesma base, obtemos:

$$10^x = 10^{0{,}477+0{,}845-1}$$
$$10^x = 10^{0{,}322}$$

Assim,

$$\log 2{,}1 = x = 0{,}322$$

Exemplo 4.2

Calcularemos o $\log_5 625 + \log_{11} 121 + \log_3 27$.

Resolução:

Podemos escrever:

$\log_5 625 = x$
$\log_{11} 121 = y$
$\log_3 27 = w$

Assim:

$\log_5 625 + \log_{11} 121 + \log_3 27 = x + y + w$

Agora, basta calcularmos os valores de x, y e w para chegarmos ao resultado:

$\log_5 625 = x \rightarrow 5^x = 625$
$\log_{11} 121 = y \rightarrow 11^y = 121$
$\log_3 27 = w \rightarrow 3^w = 27$

Podemos fatorar os números 625, 121 e 27:

$5^x = 5^4$
$11^y = 11^2$
$3^w = 3^3$

Como as bases das potências dos primeiros membros das três equações anteriores são iguais às bases das potências dos segundos membros, os respectivos expoentes também precisam ser iguais. Verificamos, então, que:

$x = 4$, $y = 2$ e $w = 3$

Portanto:

$\log_5 625 + \log_{11} 121 + \log_3 27 = x + y + w$
$\log_5 625 + \log_{11} 121 + \log_3 27 = 4 + 2 + 3$
$\log_5 625 + \log_{11} 121 + \log_3 27 = 9$

4.3 Algumas consequências da definição de logaritmo

Vimos que $log_a b = x \leftrightarrow a^x = b$, sendo que, necessariamente, $a > 0$, $b > 0$ e $a \neq 1$. Essa definição traz algumas consequências:

- O logaritmo de 1, qualquer que seja a base, é sempre igual a zero:
  $\log_a 1 = 0$, $a^0 = 1$, qualquer número elevado ao expoente zero é igual a 1.

Logaritmos e funções

- O logaritmo de um número igual à base é 1:

    $\log_a a = 1$, $a^1 = a$, qualquer número elevado ao expoente 1 é igual a ele mesmo.

- Se o logaritmando for uma potência da base, o seu logaritmo é igual ao expoente:

    $\log_a a^k = x$, $a^x = a^k$, logo, $x = k$

- Um número elevado ao logaritmo de um número b na base a resulta em b. Veja:

$$a^{\log_a b} = a^x$$

Como as bases dos dois membros da equação são iguais, os expoentes também são iguais, ou seja:

$$\log_a b = x$$

Assim:

$$a^x = b$$

Substituindo esse resultado na primeira equação, obtemos:

$$a^{\log_a b} = b$$

Exemplo 4.3

Calcule $\log_5 1 + \log_3 3$.

Resolução:

De acordo com as consequências da definição, temos:

$\log_5 1 = 0$

$\log_3 3 = 1$

Assim:

$\log_5 1 + \log_3 3 = 0 + 1 = 1$

Exemplo 4.4

Calcule $\log_7 7^4 + 9^{\log_9 7}$.

Resolução:

De acordo com as consequências da definição, temos:

$\log_7 7^4 = 4$

$9^{\log_9 7} = 7$

Assim:

$\log_7 7^4 + 9^{\log_9 7} = 4 + 7 = 11$

4.4 Propriedades dos logaritmos

Como já mencionado, o conceito de *logaritmo* surgiu para facilitar os cálculos quando eles ainda eram feitos sem o auxílio de calculadoras, computadores ou qualquer outro dispositivo. A ideia básica é transformar potenciações e radiações em multiplicações e divisões e estas em somas e subtrações. Vejamos três propriedades dos logaritmos que permitem realizar essas transformações.

1ª propriedade

O logaritmo na base *a* de um produto ($b \cdot c$) é equivalente à soma dos logaritmos dos fatores na mesma base *a*:

$\log_a(b \cdot c) = \log_a b + \log_a c$

Vamos demonstrar essa propriedade, considerando que:

$\log_a b = x \quad \rightarrow \quad a^x = b$
$\log_a c = y \quad \rightarrow \quad a^y = c$
$\log_a(b \cdot c) = w \quad \rightarrow \quad a^w = b \cdot c$

Logo:

$a^w = a^x \cdot a^y$
$a^w = a^{x+y}$
$w = x + y$

Ou seja:

$\log_a(b \cdot c) = \log_a b + \log_a c$

Assim como queríamos demonstrar.

2ª propriedade

O logaritmo na base *a* de um quociente $\left(\dfrac{b}{c}\right)$ é equivalente à diferença dos logaritmos dos fatores na mesma base *a*:

$\log_a\left(\dfrac{b}{c}\right) = \log_a b - \log_a c$

Vamos demonstrar essa propriedade. Considere que:

$\log_a b = x \quad \rightarrow \quad a^x = b$
$\log_a c = y \quad \rightarrow \quad a^y = c$
$\log_a\left(\dfrac{b}{c}\right) = w \quad \rightarrow \quad a^w = \left(\dfrac{b}{c}\right)$

Logo:

$a^w = \dfrac{a^x}{a^y}$

$a^w = a^{x-y}$

$w = x - y$

Ou seja:

$\log_a \left(\dfrac{b}{c}\right) = \log_a b - \log_a c$

Conforme queríamos demonstrar.

3ª propriedade

O logaritmo na base *a* de uma potência b^c é equivalente ao produto do expoente *c* da potência pelo logaritmo de *b* na base *a*:

$\log_a b^c = c \cdot \log_a b$

Vamos demonstrar essa propriedade, considerando que:

$\log_a b = x \rightarrow a^x = b$

Elevaremos os dois membros da igualdade ao expoente *c*:

$a^{cx} = b^c$

Logo, *cx* é o logaritmo de b^c na base *a*, o que corresponde a escrever:

$\log_a b^c = c \cdot \log_a b$

Conforme queríamos demonstrar.

Exemplo 4.5

Sabendo que log5 = 0,6989 e log3 = 0,4771, calcularemos o log15.

Resolução:

O logaritmo de 15 pode ser escrito como:

log(3 · 5)

Aplicando a primeira propriedade que estudamos, obtemos:

log(3 · 5) = log3 + log5
log(3 · 5) = 0,4771 + 0,6989
log(3 · 5) = 1,176

Assim, log15 = 1,176.

Exemplo 4.6

Sabendo que o log63 = 1,799 e log3 = 0,477, calcule o log7.

Resolução:

Vale notarmos que:

$$7 = \frac{63}{9} = \frac{63}{3^2}$$

Assim, o logaritmo de 7 pode ser escrito como:

$$\log\left(\frac{63}{3^2}\right)$$

Aplicando a segunda propriedade dos logaritmos, obtemos:

$$\log\left(\frac{63}{3^2}\right) = \log 63 - \log 3^2$$

Podemos agora aplicar a terceira propriedade dos logaritmos em $\log 3^2$:

$$\log\left(\frac{63}{3^2}\right) = \log 63 - 2 \cdot \log 3$$

Substituindo os dados fornecidos no enunciado, obtemos:

$$\log 7 = 1{,}799 - 2 \cdot 0{,}477$$
$$\log 7 = 0{,}845$$

Exemplo 4.7

Determinada máquina de uma indústria sofre desvalorização de 4% ao semestre. Calcularemos em quanto tempo o valor da máquina se reduzirá à metade do valor inicial. Para isso, usaremos log2 = 0,301 e log3 = 0,477.

Resolução:

Vamos chamar de x o valor inicial da máquina. Assim:

Tabela 4.3 – Cálculo da desvalorização de uma máquina com utilização de logaritmos

1º ano	$x_1 = x - 0{,}04x$	$x_1 = x(1 - 0{,}04)$	
2º ano	$x_2 = x_1 - 0{,}04x_1$	$x_2 = x_1(1 - 0{,}04)$	$x_2 = x \cdot 0{,}96^2$
3º ano	$x_3 = x_2 - 0{,}04x_2$	$x_3 = x_2(1 - 0{,}04)$	$x_3 = x \cdot 0{,}96^3$
4º ano	$x_4 = x_3 - 0{,}04x_3$	$x_4 = x_3(1 - 0{,}04)$	$x_4 = x \cdot 0{,}96^4$
5º ano	$x_5 = x_4 - 0{,}04x_4$	$x_5 = x_4(1 - 0{,}04)$	$x_5 = x \cdot 0{,}96^5$
tº ano	$x_t = x_{t-1} - 0{,}04x_{t-1}$	$x_t = x_{t-1}(1 - 0{,}04)$	$x_t = x \cdot 0{,}96^t$

Precisamos saber qual o valor de t quando o valor da máquina for a metade do valor inicial, ou seja:

$$x_t = \frac{x}{2}$$

Assim:

$$x_t = \frac{x}{2} = x \cdot 0{,}96^t$$

$$\frac{1}{2} = 0{,}96^t$$

O resultado anteriormente apresentado é uma equação exponencial. Para resolvê-la, podemos aplicar o operador logaritmo nos dois membros da equação:

$$\log\left(\frac{1}{2}\right) = \log 0{,}96^t$$

Aplicando as propriedades dos logaritmos, obtemos:

$$\log 1 - \log 2 = t \cdot \log\left(\frac{96}{100}\right)$$

$$\log 1 - \log 2 = t \cdot [\log(2^5 \cdot 3) - \log 10^2]$$

$$\log 1 - \log 2 = t \cdot [5 \cdot \log 2 + \log 3 - 2 \cdot \log 10]$$

Sabemos que:

$\log 1 = 0$

$\log 10 = 1$

$\log 2 = 0{,}301$

$\log 3 = 0{,}477$

Assim:

$0 - 0{,}477 = t \cdot [5 \cdot 0{,}301 + 0{,}477 - 2 \cdot 1]$

$-0{,}477 = t(-0{,}018)$

$$t = \frac{-0{,}477}{-0{,}018}$$

$t = 26{,}5$

A máquina valerá a metade do seu valor inicial após 26,5 semestres, ou seja, após 13 anos e 3 meses.

4.5 Mudança de base dos logaritmos

Muitas vezes conhecemos o logaritmo de alguns números em determinada base, mas não em outra. Nesse caso, é conveniente fazermos uma mudança de base. Considerando:

$\log_a b = x$

Sabemos que:

$a^x = b$

Supondo que desejamos mudar o logaritmo para uma base c, vamos aplicar o logaritmo nessa base nos dois lados da equação:

$\log_c a^x = \log_c b$

Aplicando a propriedade do logaritmo de uma potência, obtemos:

$x \cdot \log_c a = \log_c b$

$x = \dfrac{\log_c b}{\log_c a}$

Mas x também é igual a $\log_a b$. Então:

$\log_a b = \dfrac{\log_c b}{\log_c a}$

Exemplo 4.8

Calcularemos $\log_2 6$ sabendo que $\log 2 = 0{,}301$ e $\log 3 = 0{,}477$.

Resolução:

Vamos fazer a mudança de base:

$\log_2 6 = \dfrac{\log 6}{\log 2}$

$\log_2 6 = \dfrac{\log(2 \cdot 3)}{\log 2}$

$\log_2 6 = \dfrac{\log 2 + \log 3}{\log 2}$

$\log_2 6 = \dfrac{0{,}301 + 0{,}477}{0{,}301}$

$\log_2 6 = 2{,}585$

4.6 A função logarítmica

As funções definidas pela lei de formação $y = f(x) = \log_a x$, com $a > 0$ e $a \neq 1$, são denominadas *funções logarítmicas*.

A função inversa da função logarítmica é a função exponencial. Isso é uma das consequências da definição de logaritmos que estudamos anteriormente. O domínio dessa função logarítmica é o conjunto dos números reais positivos e maiores que zero e sua a imagem é o conjunto dos números reais:

$D = \mathbb{R}_+^*$
$\text{Im} = \mathbb{R}$ função exponecial

Logaritmos e funções

É interessante percebermos que, no caso da função exponencial, ocorre o inverso, ou seja, o seu domínio é o conjunto dos números reais e a sua imagem é o conjunto dos números reais positivos e diferente de zero:

$$D = R$$
$$Im = R_+^*$$
função exponecial

Vejamos agora o gráfico da função logarítmica na base 10. Para isso, determinaremos pontos da função $y = f(x) = \log x$.

Tabela 4.4 – Determinação de pontos da função $y = f(x) = \log x$

x	logx	y
0,2	log0,2	−0,699
0,4	log0,4	−0,3979
0,6	log0,6	−0,2218
0,8	log0,8	−0,0969
1	log1	0
1,5	log1,5	0,1761
2	log2	0,301
3	log3	0,4771
4	log4	0,6021
5	log5	0,699

Gráfico 4.1 – Gráfico da função $y = f(x) = \log x$

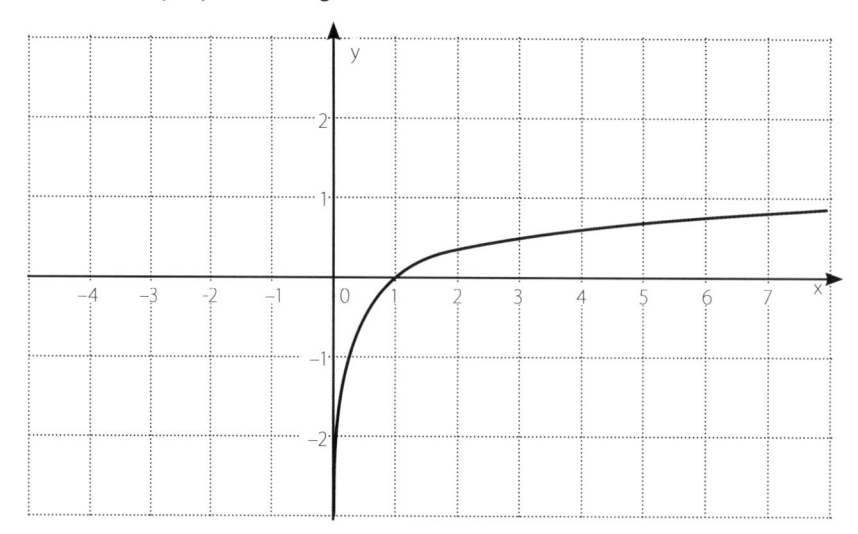

Como a função logarítmica é a inversa da função exponencial, existe uma simetria entre suas curvas, conforme demonstrado no Gráfico 4.2.

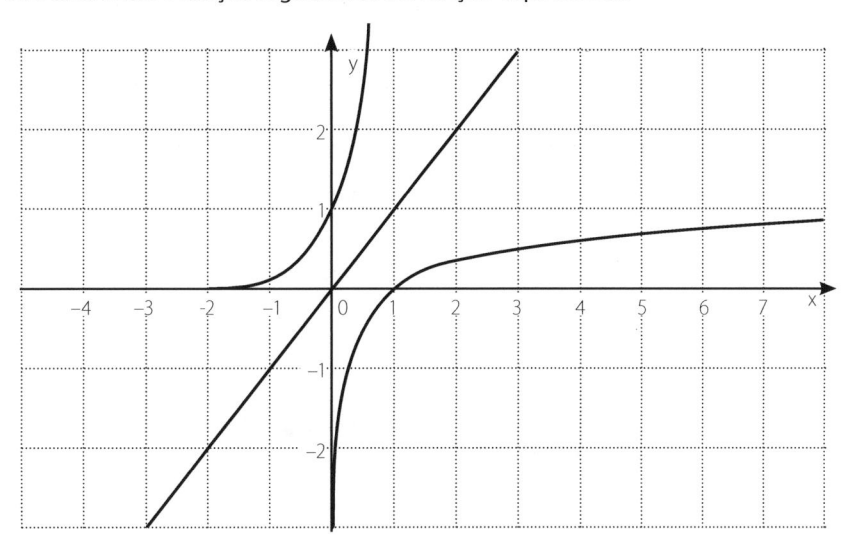

Gráfico 4.2 – Simetria entre a função logarítmica e a função exponencial

A curva mais à esquerda corresponde à função y = 10^x, a curva mais à direita à função y = log x e a reta que passa pela origem é o eixo de simetria e corresponde à função . Perceba que, tomando como referência o eixo de simetria, uma curva é o espelho da outra (se dobrarmos o gráfico exatamente sobre o eixo de simetria, uma curva ficará sobreposta a outra)

Vejamos o que acontece com o gráfico quando a base das funções exponenciais e logarítmicas é menor que 1.

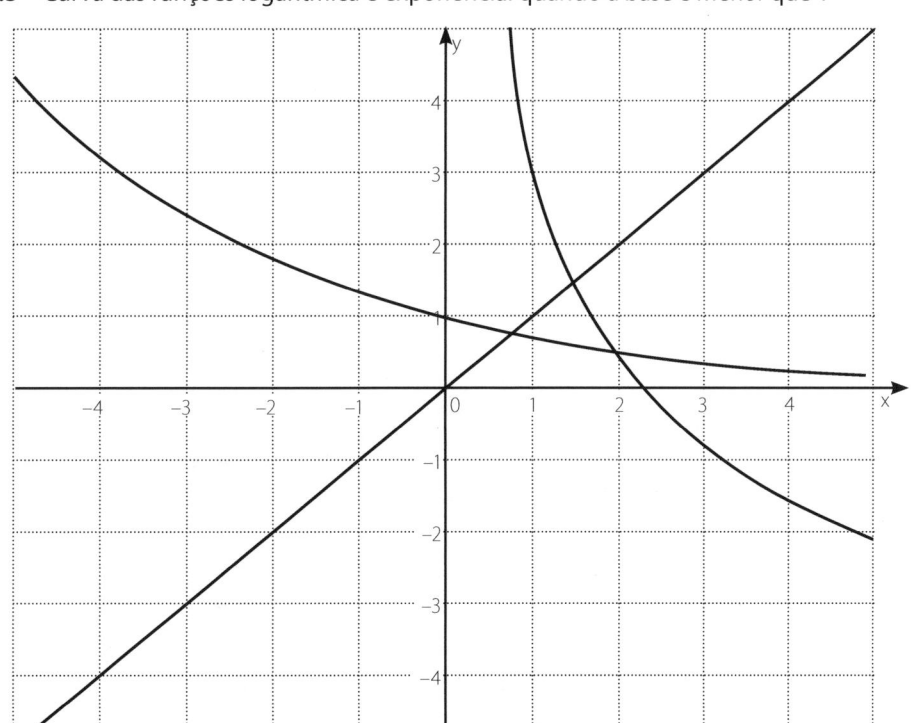

Gráfico 4.3 – Curva das funções logarítmica e exponencial quando a base é menor que 1

Logaritmos e funções

A curva mais à esquerda corresponde à função $y = f(x) = \left(\dfrac{3}{4}\right)^x$, a curva mais à direita corresponde à função $y = f(x) = \log_{3/4} x$ e a reta que passa pela origem, à função $y = f(x) = x$. Para valores da base que estão entre zero e 1, as curvas se interceptam.

Exemplo 4.9

Dada a função $y = f(x) = \log_{1/2} x$, construiremos o seu gráfico.

Resolução:

Vamos construir uma tabela com valores de x e os correspondentes valores de y:

Tabela 4.5 – Determinação de pontos da função $y = f(x) = \log_{1/2} x$

x	$y = f(x) = \log_{1/2} x$
$2^{-5} = \dfrac{1}{32}$	5
$2^{-4} = \dfrac{1}{16}$	4
$2^{-3} = \dfrac{1}{8}$	3
$2^{-2} = \dfrac{1}{4}$	2
$2^{-1} = \dfrac{1}{2}$	1
$2^{0} = \dfrac{1}{1}$	0
$2^{1} = 2$	−1
$2^{2} = 4$	−2
$2^{3} = 8$	−3
$2^{4} = 16$	−4
$2^{5} = 32$	−5

Em seguida, marcamos os pontos em um plano cartesiano e traçamos a curva, conforme o Gráfico 4.4.

Gráfico 4.4 – Curva da função $y = f(x) = \log_{1/2} x$

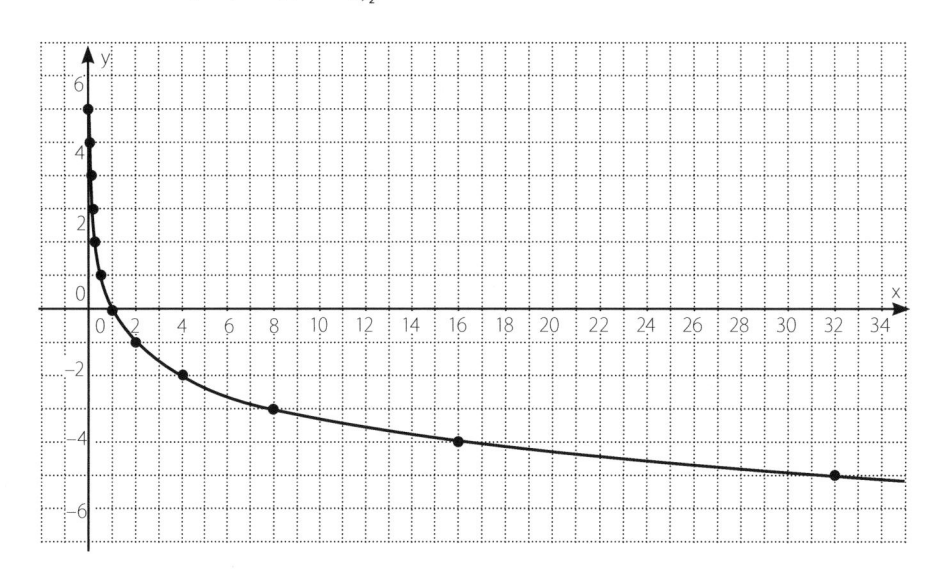

Agora que você já tem sólidas informações sobre logaritmos e funções logarítmicas, utilize esses conhecimentos e resolva as questões para revisão apresentadas após a síntese deste capítulo.

Síntese

Neste capítulo, você pôde ver com detalhes os logaritmos (aspecto histórico, definição e propriedades), os quais surgiram com a finalidade de facilitar e simplificar os cálculos aritméticos. Aprendeu também de que modo se efetua uma mudança de base. Levando em conta esses conceitos, verificamos as funções logarítmicas e traçamos seus gráficos. Além disso, verificamos que logaritmos têm importantes aplicações na resolução de problemas cotidianos.

Questões para revisão

1. Calcule o número cujo logaritmo é $-\dfrac{1}{2}$ no sistema de base 10.

2. Em que base o logaritmo de 5 é igual a 5?

3. Resolva a equação: $\log_{1/10} x = -3$

4. Sendo $\log_{10} 2 = 0{,}301$ e $\log_{10} 3 = 0{,}477$, calcule:

    a) $\log_{10} 5$

    b) $\log_{10} = \dfrac{\sqrt[3]{27}}{8}$

5. Sendo $\log_3 81 = 4$ e $\log_3 9 = 2$, calcule $\log_9 81$.

6. As populações de duas cidades, A e B, são dadas em milhões de habitantes pelas funções $A(t) = \log_8 (1 + t)^3$ e $B(t) = \log_2 (2t + 2)$, em que a variável t representa o tempo em anos. Qual é a população de cada uma dessas cidades quando $t = 1$?

5

Funções circulares ou trigonométricas

Conteúdos do capítulo

- Funções circulares.
- Círculo trigonométrico.
- Funções cosseno, seno, tangente, secante, cossecante e cotangente.

Após o estudo deste capítulo, você será capaz de:

1. definir o que se entende por função circular;
2. descrever o círculo trigonométrico;
3. realizar operações com as funções circulares.

Funções circulares são aquelas que apresentam como característica uma periodicidade constante. De modo geral, são utilizadas para representar fenômenos naturais, como variações de temperatura, oscilações dos diversos tipos de ondas encontrados na natureza (sonoras e eletromagnéticas), variações da pressão sanguínea, entre outros.

Iniciaremos este capítulo relembrando as três unidades mais utilizadas para medir ângulos: o radiano, o grau e o grado.

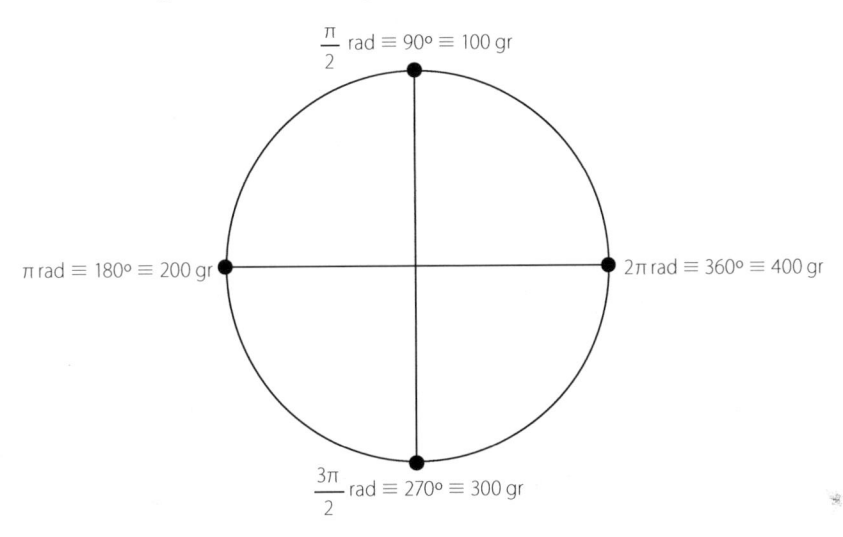

Figura 5.1 – Medidas dos ângulos em radianos, graus e grados

$\frac{\pi}{2}$ rad ≡ 90º ≡ 100 gr

π rad ≡ 180º ≡ 200 gr

2π rad ≡ 360º ≡ 400 gr

$\frac{3\pi}{2}$ rad ≡ 270º ≡ 300 gr

Na Figura 5.1, temos uma circunferência dividida em quatro partes e cada parte é chamada de *quadrante*. Nas extremidades de cada quadrante, estão marcados os pontos que delimitam sua fronteira e os correspondentes ângulos nas três unidades de medida (radianos, graus e grados). No Sistema Internacional de Unidades (SI), a unidade adotada para medir ângulos é o *radiano*.

5.1 Círculo trigonométrico

O círculo trigonométrico está associado a um sistema cartesiano e, por convenção, possui raio unitário (vale uma unidade de medida, como 1 cm, ou 1 m, ou 1 km). O círculo trigonométrico representado na Figura 5.2 aparece dividido em quatro quadrantes.

Figura 5.2 – Quadrantes no círculo trigonométrico

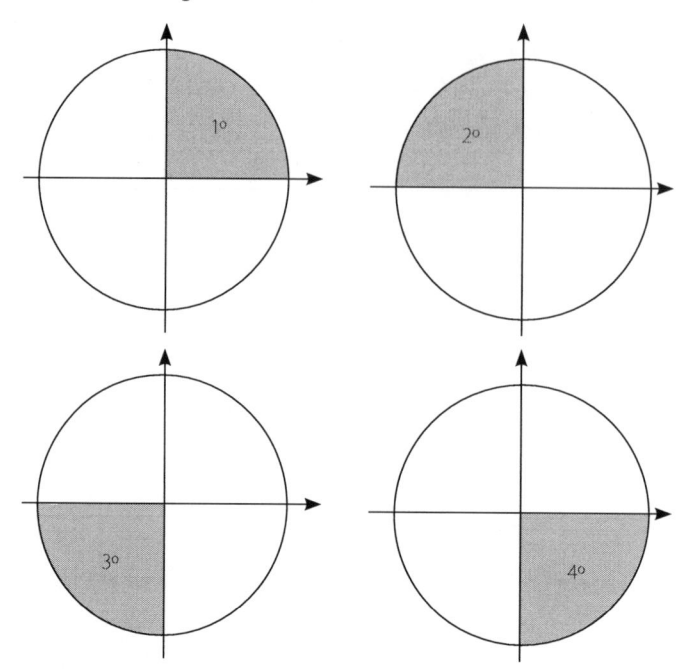

A definição de *radiano* vista no em *Geometria plana e trigonometria*, terceiro volume desta coleção, afirma que "um radiano equivale ao ângulo formado pelo comprimento do arco da circunferência que tem a mesma medida do raio" (Leite; Castanheira, 2014b, p. 49). Ou seja, quando:

$$l = R$$

Então:

$$\alpha = \frac{l}{R} = 1 \text{ rad}$$

Em que:

- l é o comprimento do arco;
- R é o raio da circunferência;
- α é o ângulo correspondente ao comprimento do arco l.

Assim, no círculo trigonométrico, a medida de qualquer ângulo em radianos é numericamente igual ao comprimento do correspondente arco.

5.2 Função cosseno

Vamos supor que o raio unitário do círculo trigonométrico esteja formando com o eixo *w* um ângulo qualquer *x*.

A projeção do raio sobre o eixo w é equivalente ao cosseno do ângulo x, como representado na Figura 5.3.

Figura 5.3 – Determinação do cosseno de um ângulo (x)

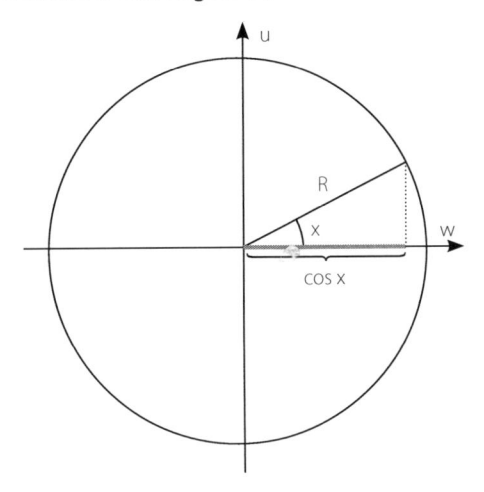

A seguir, apresentamos o sinal do cosseno em cada um dos quadrantes do círculo trigonométrico:

Quadrante	1º	2º	3º	4º
Cosseno	+	−	−	+

É interessante percebermos que, para cada ângulo x, existe um único valor para o cosseno de x, ou seja, uma única imagem. Essa é uma das exigências para que uma relação entre duas variáveis seja vista como uma **função**. Logo, podemos escrever que:

$$y = f(x) = \cos x$$

Gráfico 5.1 – Determinação da função cosseno

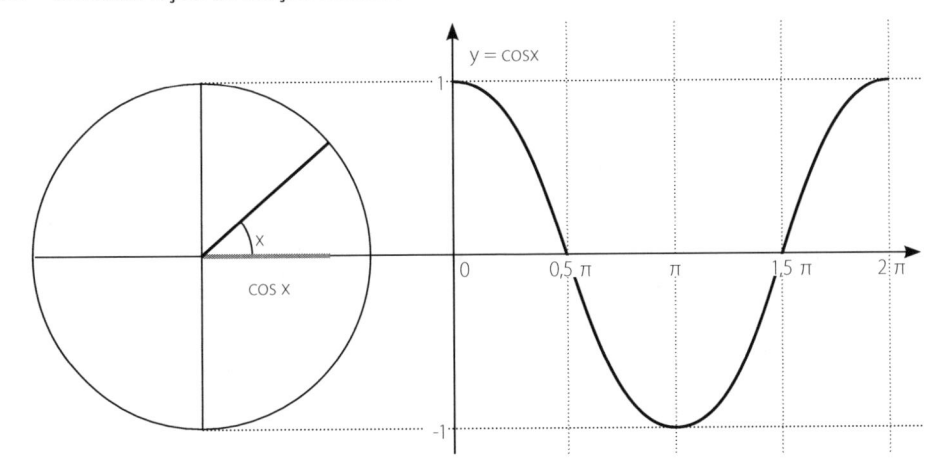

Desse modo, obtivemos a curva da função cosseno com base no círculo trigonométrico.

5.2.1 Características da função cosseno

O domínio da função cosseno é o conjunto dos números reais (D = R). Já a imagem da função cosseno são os valores reais entre 1 e −1, inclusive eles, ou seja, Im = $\{y \in R \mid -1 \leq y \leq 1\}$.

A periodicidade da função cosseno é 2π, pois $cosx = cos(x + 2\pi) = cos(x + 4\pi) = cos(x + 6\pi) \ldots = cos(x + 2k\pi)$, sendo k um número inteiro ($k \in Z$).

Quanto à simetria, a função cosseno é uma função par, pois $cosx = cos(-x)$. Por exemplo, sendo $y = f(x) = cosx$, temos:

f(60º) = cos 60º = 0,5

e

f(−60º) = cos(−60º) = 0,5

Sabemos que o gráfico de uma função par é simétrico em relação ao eixo y (o segmento da curva da função no primeiro quadrante do plano cartesiano se comporta como se fosse o espelho do segmento da curva no segundo quadrante, assim como o do terceiro quadrante se comporta como o espelho do segmento da curva do quarto quadrante).

Gráfico 5.2 – Função cosseno

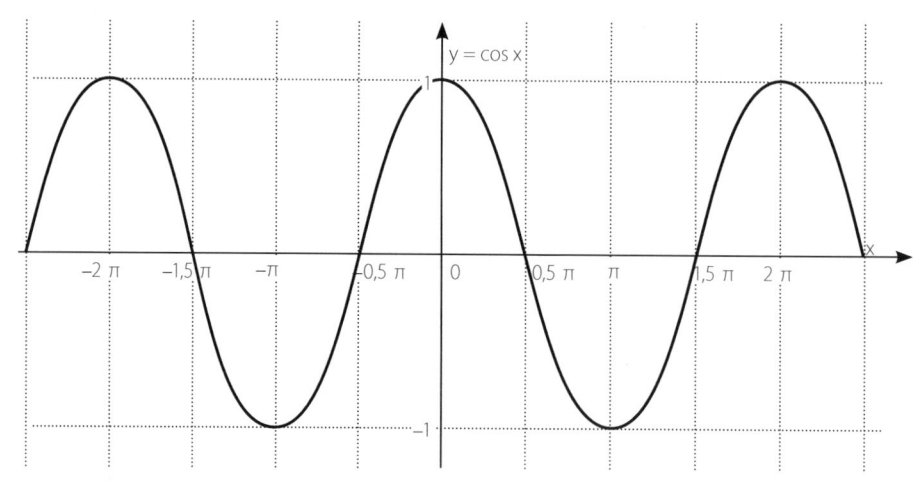

A função cosseno é:

- **decrescente** para $x + 2k\pi$, sendo $0 < x < \pi$ e k um número inteiro, $k \in z$;
- **crescente** para $x + 2k\pi$, sendo $\pi < x < 2\pi$ e k um número inteiro, $k \in z$.

5.3 Função seno

No círculo trigonométrico, a projeção do raio sobre o eixo u é equivalente ao seno do ângulo x.

Figura 5.4 – Representação do seno de um ângulo (x)

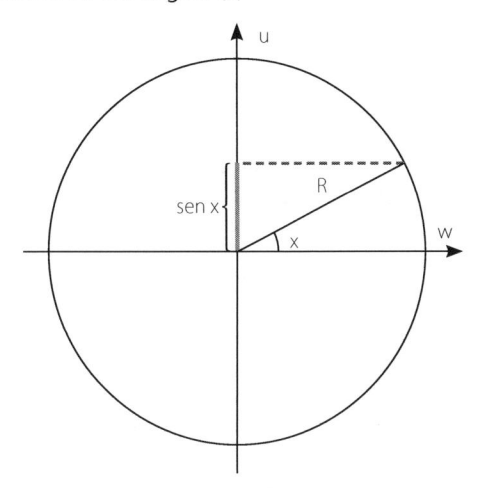

É possível ver um triângulo retângulo na Figura 5.4? Vale notarmos que a hipotenusa desse triângulo é igual ao raio R, o cateto adjacente ao ângulo *x* é igual a cos*x* e o cateto oposto ao ângulo *x* é equivalente a *senx*.

Vamos utilizar o Teorema de Pitágoras para chegar a uma das mais importantes identidades trigonométricas:

$R^2 = \text{sen}^2 x + \cos^2 x$

Como o raio R do círculo trigonométrico é igual a 1, temos:

$\text{sen}^2 x + \cos^2 x = 1$

Esse resultado é válido para qualquer que seja o ângulo *x*.

O sinal do seno em cada um dos quadrantes do círculo trigonométrico:

Quadrante	1º	2º	3º	4º
Seno	+	+	−	−

Da mesma forma que estabelecemos uma função entre *x* e o seu cosseno, podemos fazer o mesmo para o seno. O gráfico da função $y = f(x) = senx$ é o representado pelo Gráfico 5.3.

Gráfico 5.3 – Determinação da função seno

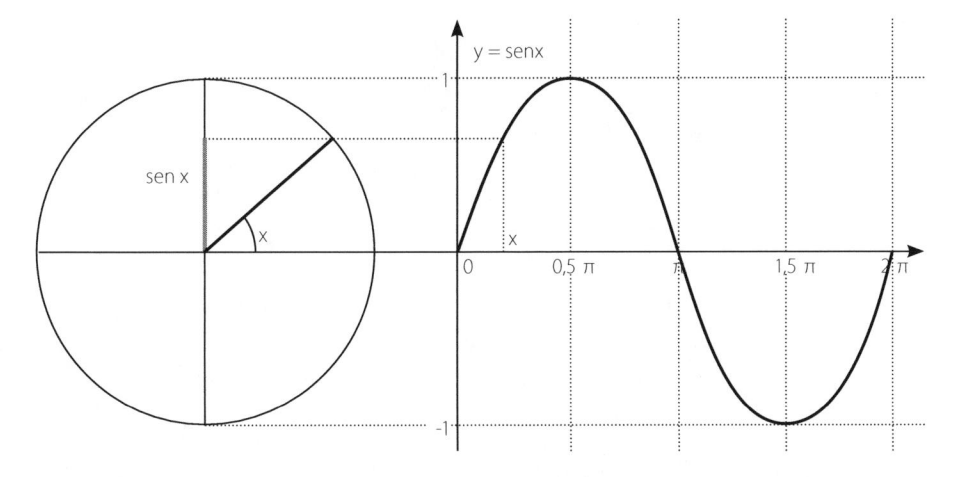

Assim, obtivemos a curva da função seno com base no círculo trigonométrico.

Logaritmos e funções

5.3.1 Características da função seno

O domínio da função seno é o conjunto dos números reais (D = R). A imagem da função seno são os valores reais entre 1 e −1, inclusive eles ($Im = \{y \in R \mid -1 \leq y \leq 1\}$).

A periodicidade da função seno é 2π, pois $senx = sex(x + 2\pi) = sen(x + 4\pi) = sen(x + 6\pi) = ... sen(x + 2k\pi)$, sendo k um número inteiro ($k \in Z$).

Quanto à simetria, a função seno é uma função ímpar, pois sen x = −sen(−x). Por exemplo, sendo $y = f(x) = sen\ x$, temos:

f(30°) = sen 30° = 0,5

e

f(−30°) sen (−30°) = −0,5

Sabemos que o gráfico de uma função ímpar é simétrico em relação à origem (o segmento da curva da função no primeiro quadrante do plano cartesiano se comporta como se fosse o espelho do segmento da curva no terceiro quadrante, assim como o do segundo quadrante se comporta como o espelho do segmento da curva do quarto quadrante).

Gráfico 5.4 – Função seno

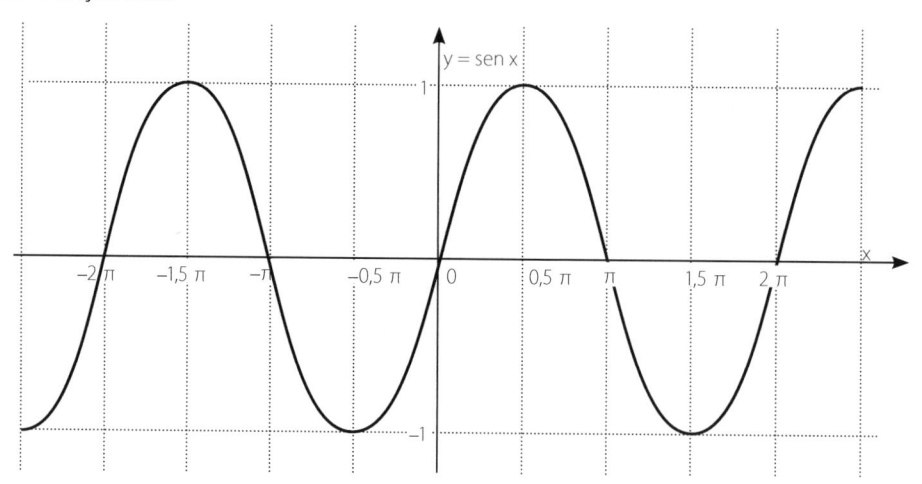

A função seno é:

- **crescente** para $x + 2k\pi$, sendo $0 < x < \pi/2$, e k um número inteiro ($k \in Z$).
- **decrescente** para $x + 2k\pi$, sendo $\pi/2 < x < 3\pi/2$ e k um número inteiro ($k \in Z$);
- **crescente** para $x + 2k\pi$, sendo $3\pi/2 < x < 2\pi$ e k um número inteiro ($k \in Z$).

5.4 Função tangente

A reta s tangencia o círculo trigonométrico em $w = 1$ e $u = 0$. O prolongamento do raio até a reta s produz o segmento $\overline{AB}$. A medida desse segmento é equivalente à tangente do ângulo x.

Figura 5.5 – Eixo da tangente de um ângulo (s)

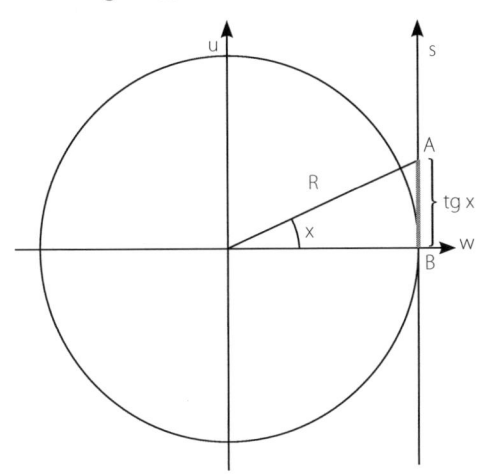

O sinal da tangente em cada um dos quadrantes do círculo trigonométrico:

Quadrante	1º	2º	3º	4º
Tangente	+	–	+	–

Gráfico 5.5 – Determinação da função tangente

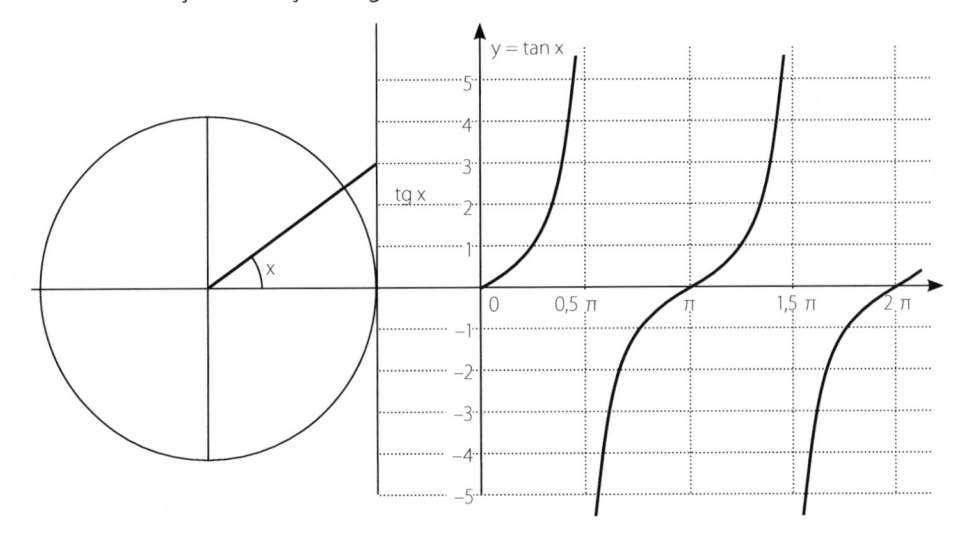

Quanto mais x se aproxima de $\frac{\pi}{2}$ pelo sentido anti-horário, mais o valor da tangente aumenta. Quando x for igual a $\frac{\pi}{2}$, a tangente não existe, pois o prolongamento do raio será uma reta paralela à reta s. Já quando x se aproxima de $\frac{\pi}{2}$ pelo sentido horário, o valor da tangente diminui.

5.4.1 Características da função tangente

A função tangente também pode ser calculada por meio da razão da função seno pela função cosseno, ou seja:

$$y = f(x) = \tan x = \frac{\operatorname{sen} x}{\cos x}$$

Assim, fica evidente que o domínio da função tangente é o conjunto dos números reais, exceto os valores que tornam o cosseno igual a zero ($\pi/2$, $3\pi/2$, $5\pi/2$, $7\pi/2$, ...).

$D = \{x \in R \mid x \neq \frac{\pi}{2} + k\pi\}$ k é um número inteiro ($k \in Z$)

Já a imagem da função tangente é o conjunto dos números reais (Im = $\{y \in R\}$). A periodicidade da função tangente é π, pois $tanx = (x + \pi) = tanx(x + 2\pi) = tan(x + 3\pi) = ... = tan(x + k\pi)$, sendo k um número inteiro ($k \in Z$).

Quanto à simetria, a função tangente é uma função ímpar, pois $tanx = -tan(-x)$. Por exemplo, sendo $y = f(x) = tanx$, temos:

f(45°) = tan45° = 1

e

f(−45°) = tan(−45°) = −1

Sabemos que o gráfico de uma função ímpar é simétrico em relação à origem (o segmento da curva da função no primeiro quadrante do plano cartesiano se comporta como se fosse o espelho do segmento da curva no terceiro quadrante, assim como o do segundo quadrante se comporta como o espelho do segmento da curva do quarto quadrante).

Gráfico 5.6 – Função tangente

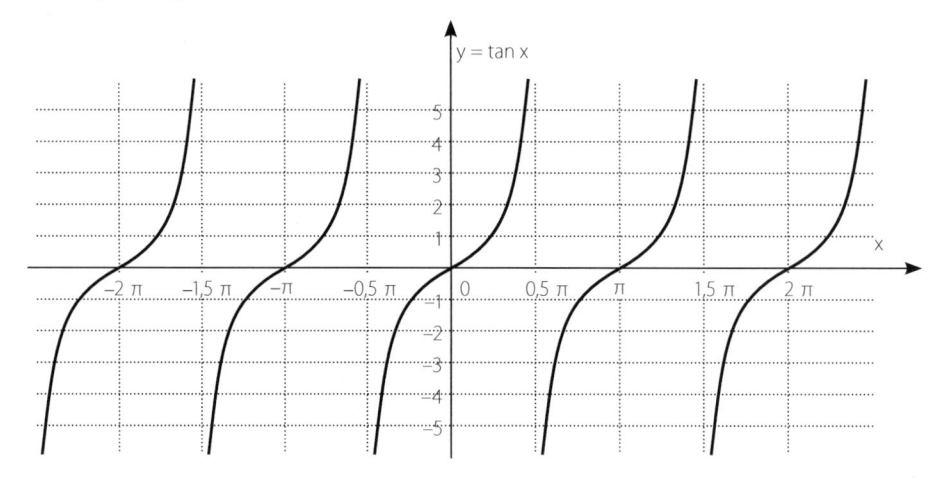

Note também que a função tangente é crescente para todos os valores em que ela é definida.

5.5 Função secante

Por definição, chamamos de *secante de um arco* o inverso do seu cosseno, ou seja, $secx = \frac{1}{cosx}$. Obrigatoriamente, $cosx \neq 0$, pois, como já sabemos, não existe divisão por zero.

No círculo trigonométrico, a secante do ângulo x é a medida do segmento que vai da origem do círculo trigonométrico até o ponto que a reta t (ver desenho) corta o eixo w. A reta t forma 90° com o raio e tangencia o círculo trigonométrico no mesmo ponto que o raio o toca.

Figura 5.6 – Eixo da função secante

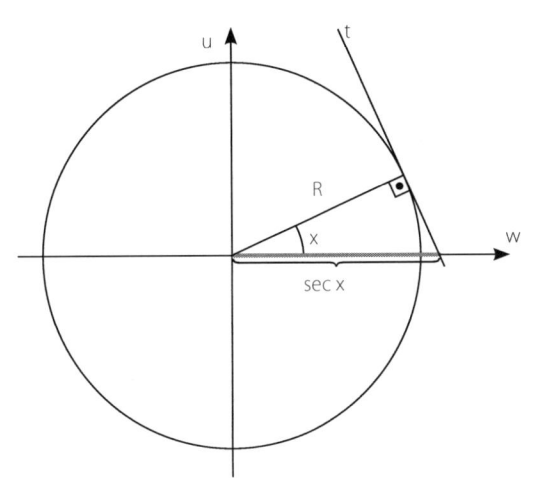

No desenho, o comprimento da linha cinza claro é numericamente igual à secante do ângulo *x*. A seguir, está o sinal da secante em cada um dos quadrantes do círculo trigonométrico. É interessante perceber que, em todos os quadrantes, a secante tem o mesmo sinal do cosseno:

Quadrante	1º	2º	3º	4º
Secante	+	–	–	+

Gráfico 5.7 – Determinação da função secante

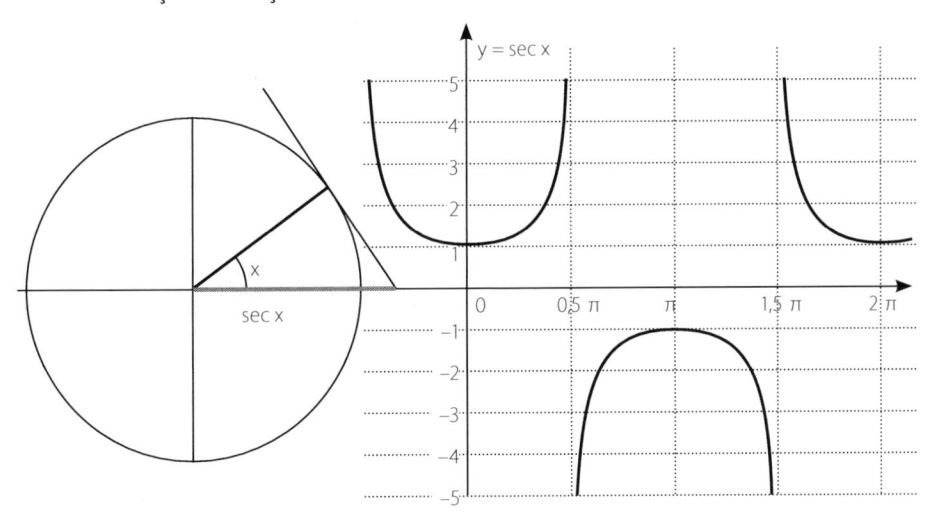

Quando *x* for igual a $\frac{\pi}{2}$ ou igual a $3\frac{\pi}{2}$, a secante não existe.

5.5.1 Características da função secante

O domínio da função secante é o conjunto dos números reais, exceto os valores que tornam o cosseno igual a zero ($\pi/2$, $3\pi/2$, $5\pi/2$, $7\pi/2$, ...). Ou seja, o domínio da função secante é o mesmo da função tangente:

$$D = \{x \in R \mid x \neq \frac{\pi}{2} + k\pi\} \qquad k \text{ um número inteiro } (k \in Z)$$

A imagem da função secante é o conjunto dos números reais menores ou iguais a −1 e maiores ou iguais a 1 (Im = {$y \in R \mid x \leq -1$ e $y \geq 1$}). A periodicidade da função secante é 2π, pois $secx = secx(x + 2\pi) = sec(x + 4\pi) = sec(x + 6\pi) = ... = sec(x + 2k\pi)$, sendo k um número inteiro ($k \in Z$).

Quanto à simetria, assim como a função cosseno, a função secante é uma função par, pois $secx = sec(-x)$. Por exemplo, sendo $y = f(x) = secx$, temos:

$f(60°) = sec60° = 2$

e

$f(-60°) = sec(-60°) = 2$

Sabemos que o gráfico de uma função par é simétrico em relação ao eixo y (o segmento da curva da função no primeiro quadrante do plano cartesiano se comporta como se fosse o espelho do segmento da curva no segundo quadrante, assim como o do terceiro quadrante se comporta como o espelho do segmento da curva do quarto quadrante).

Gráfico 5.8 – Função secante

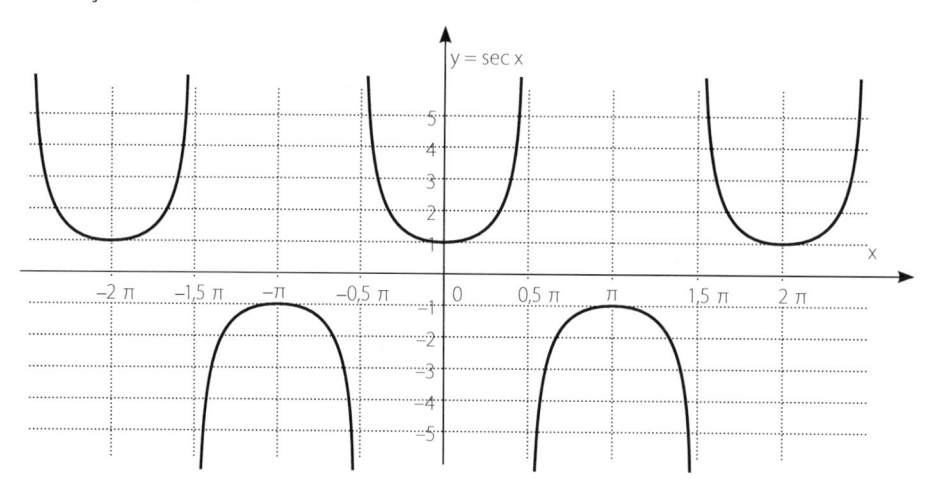

A função secante é:

- **decrescente** para $x + 2k\pi$, sendo $\pi < x < 2\pi$ e k um número inteiro ($k \in Z$);
- **crescente** para $x + 2k\pi$, sendo $0 < x < \pi$ e k um número inteiro ($k \in Z$).

5.6 Função cossecante

Por definição, a *cossecante de um arco* é o inverso do seu seno, ou seja, $cossecx = \frac{1}{senx}$. Para que a cossecante exista, obrigatoriamente $senx \neq 0$.

No círculo trigonométrico, a cossecante do ângulo x é a medida do segmento que vai da origem do círculo trigonométrico até o ponto em que a reta t (ver Figura 5.6) corta o eixo u. A reta t forma um ângulo de 90° com o raio e tangencia o círculo trigonométrico no mesmo ponto que o raio o toca.

Figura 5.7 – Eixo da função cossecante

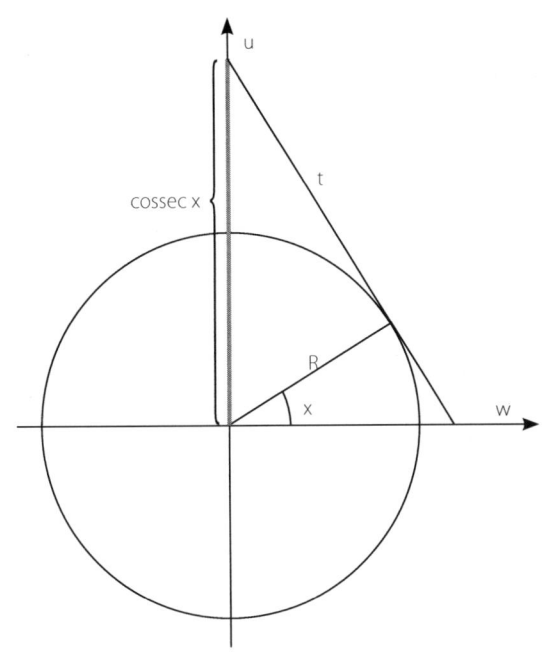

Na Figura 5.7, o comprimento da linha cinza claro é numericamente igual à cossecante do ângulo *x*. Vejamos a seguir o sinal da cossecante em cada um dos quadrantes do círculo trigonométrico. Em todos os quadrantes a cossecante tem o mesmo sinal da função seno:

Quadrante	1º	2º	3º	4º
Cossecante	+	+	−	−

Gráfico 5.9 – Determinação da função cossecante

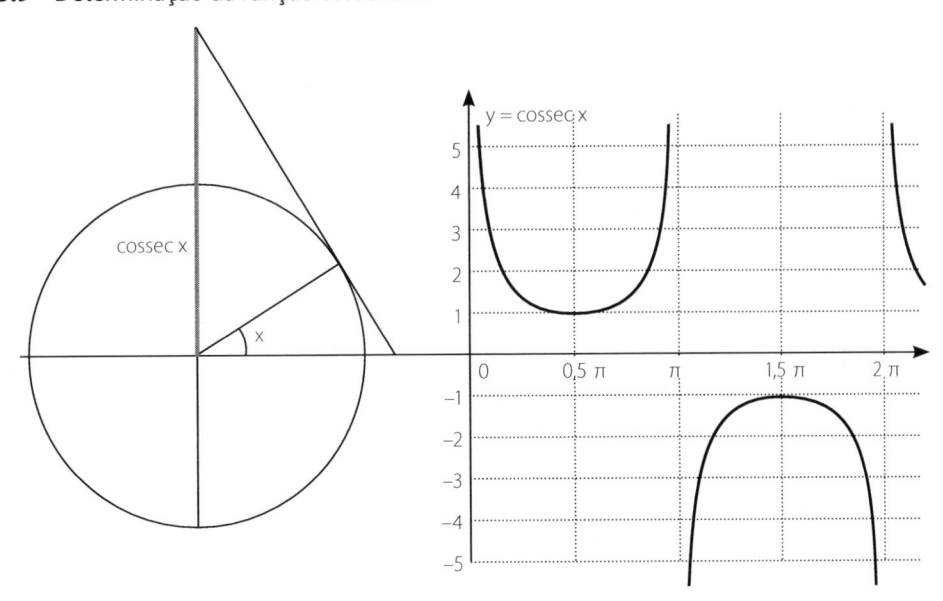

É interessante perceber que a cossecante não existe para $x = k\pi$ (k um número inteiro ($k \in Z$)).

5.6.1 Características da função cossecante

O domínio da função cossecante é o conjunto dos números reais, exceto os valores que tornam o seno igual a zero (0, π, 2π, 3π, 4π ...):

$D = \{x \in R \mid x \neq k\pi\}$ $\qquad$ k é um número inteiro ($k \in Z$)

A imagem da função cossecante é a mesma da função secante, ou seja, o conjunto dos números reais menores ou iguais a −1 e maiores ou iguais a 1 ($Im = \{y \in R \mid x \leq -1 \text{ e } y \geq 1\}$). A periodicidade da função secante é 2π, pois $cossecx = cossec(x + 2\pi) = cossec(x + 4\pi) = cossec(x + 6\pi) = ... = cossec(x + 2k\pi)$, sendo k um número inteiro ($k \in Z$).

Quanto à simetria, assim como a função seno, a função cossecante é uma função ímpar, pois $cossecx = -cossec(-x)$. Por exemplo, sendo $y = f(x) = cossecx$, temos:

f(30°) = cossec30° = 2

e

f(−30°) = cossec(−30°) = −2

Sabemos que o gráfico de uma função ímpar é simétrico em relação à origem (o segmento da curva da função no primeiro quadrante do plano cartesiano se comporta como se fosse o espelho do segmento da curva no terceiro quadrante, assim como o do segundo quadrante se comporta como o espelho do segmento da curva do quarto quadrante).

Gráfico 5.10 – Função cossecante

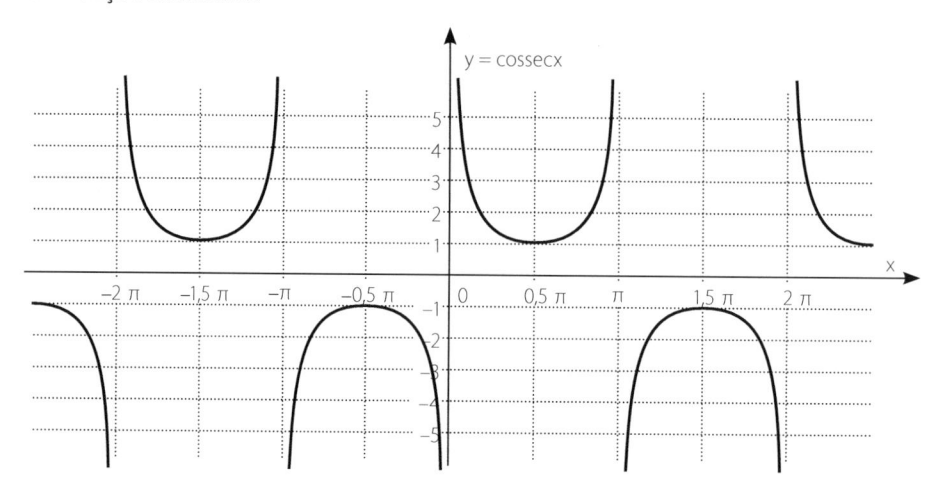

A função cossecante é:

- **decrescente** para x + 2kπ, sendo 0 < x < π/2 e k, um número inteiro (k ∈ Z);
- **crescente** para x + 2kπ, sendo π/2 < x < 3π/2 e k um número inteiro (k ∈ Z);
- **decrescente** para x + 2kπ, sendo 3π/2 < x < 2π e k um número inteiro (k ∈ Z).

5.7 Função cotangente

Por definição, a *cotangente de um ângulo* é o inverso da sua tangente, ou seja, cotgx = $\frac{1}{\tan x}$. Para que a cotangente exista, obrigatoriamente *tanx* ≠ 0

A reta *t* tangencia o círculo trigonométrico em u = 1 e w = 0. O prolongamento do raio até a reta *t* produz o segmento $\overline{CD}$, sendo a medida desse segmento equivalente à cotangente do ângulo *x*.

Figura 5.8 – Eixo da função cotangente (t)

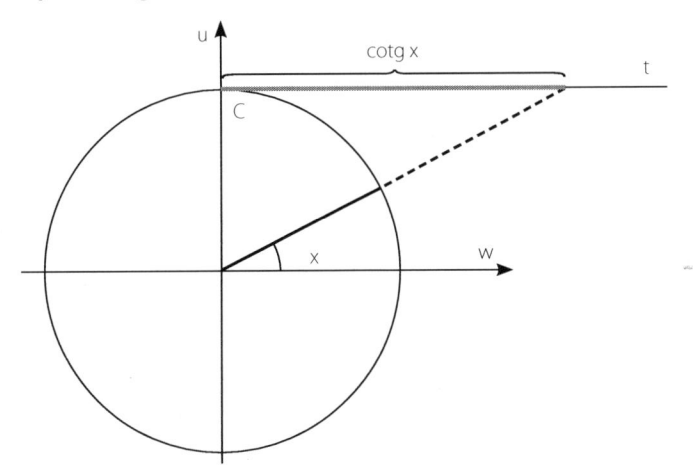

Na Figura 5.8, o comprimento do segmento de reta CD é numericamente igual à cotangente do ângulo *x*. Vejamos o sinal da cotangente em cada um dos quadrantes do círculo trigonométrico.

Quadrante	1º	2º	3º	4º
Cotangente	+	–	+	–

Quanto mais *x* se aproxima de zero pelo sentido horário, mais o valor da cotangente aumenta. Quando *x* for igual a zero, a cotangente não existe, pois o prolongamento do raio será uma reta paralela à reta *t*. Quando *x* se aproxima de zero (ou 2π) pelo sentido anti-horário, o valor da cotangente diminui. O gráfico da função cotangente tem a seguinte forma:

Logaritmos e funções

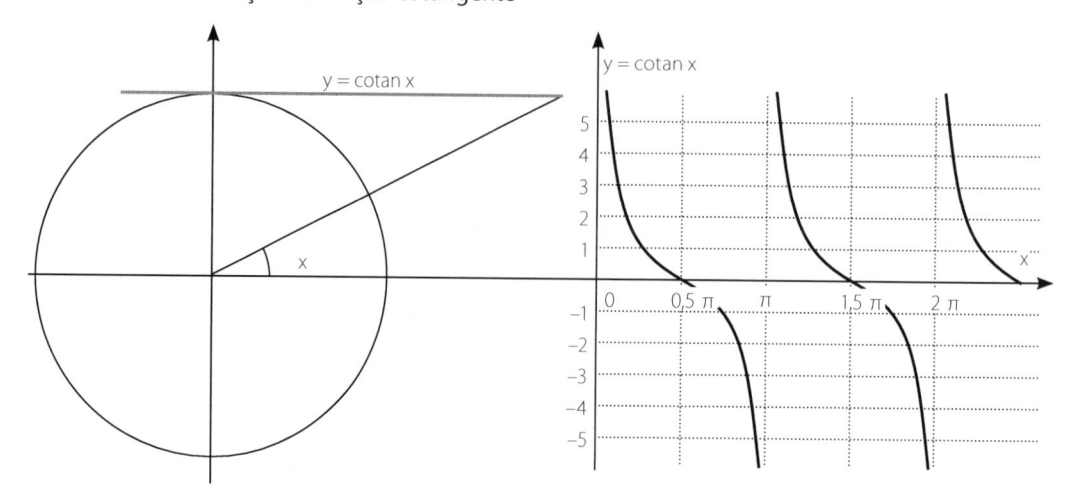

Gráfico 5.11 – Determinação da função cotangente

5.7.1 Características da função cotangente

Já sabemos que:

$$\tan x = \frac{\operatorname{sen} x}{\cos x}$$

E que:

$$\cot g x = \frac{1}{\tan x}$$

Substituindo a primeira razão na segunda, obtemos:

$$\cot g x = \frac{1}{\frac{\operatorname{sen} x}{\cos x}}$$

$$\cot g x = \frac{\cos x}{\operatorname{sen} x}$$

Assim, a função cotangente pode ser escrita como:

$$y = f(x) = \cot g x = \frac{\cos x}{\operatorname{sen} x}$$

Fica evidente que o domínio da função cotangente é o conjunto dos números reais (R), exceto os valores que tornam o seno igual a zero (0, π, 2π, 3π, 4π ...):

$D = \{x \in R \mid x \neq k\pi\}$ $\qquad$ k é um número inteiro ($k \in Z$)

Já a imagem da função cotangente é o conjunto dos números reais (Im = $\{y \in R\}$). A periodicidade da função cotangente é π, pois $\cot g x = \cot g(x + \pi) = \cot g(x + 2\pi) = \cot g(x + 3\pi) = ... = \cot g(x + k\pi)$, sendo k um número inteiro ($k \in Z$).

Quanto à simetria, a função cotangente é uma função ímpar, pois cotgx = − cotg(−x). Por exemplo, sendo y = f(x) = cotgx, temos:

f(45°) = cotg45° = 1

e

f(−45°) = cotg(−45°) = −1

Sabemos que o gráfico de uma função ímpar é simétrico em relação à origem (o segmento da curva da função no primeiro quadrante do plano cartesiano se comporta como se fosse o espelho do segmento da curva no terceiro quadrante, assim como o do segundo quadrante se comporta como o espelho do segmento da curva do quarto quadrante).

Gráfico 5.12 – Função cotangente

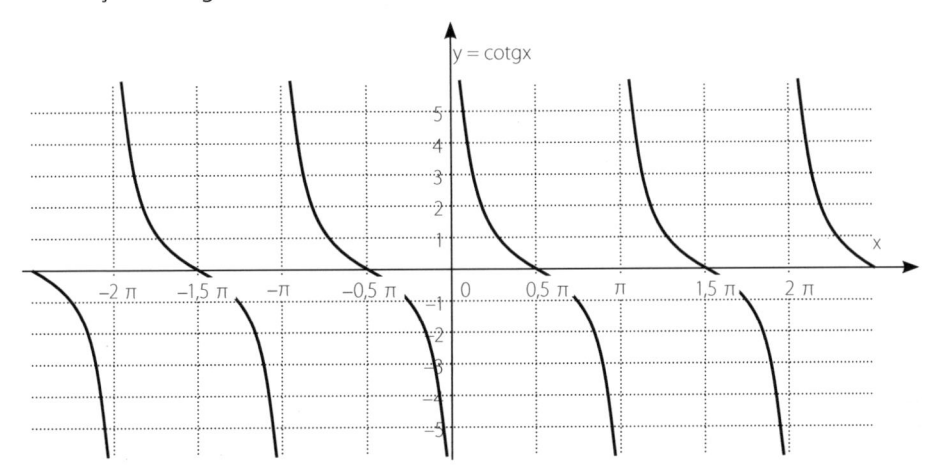

A função cotangente é decrescente para todos os valores em que ela é definida.

Síntese

Neste capítulo, vimos que funções circulares são aquelas que apresentam como característica uma periodicidade constante. O círculo trigonométrico está associado a um sistema cartesiano e, por convenção, tem raio unitário (vale uma unidade de medida, como 1 cm, ou 1 m, ou 1 km).

O domínio da função cosseno é o conjunto dos números reais (D = R). Já a imagem da função cosseno são os valores reais entre 1 e −1, inclusive eles (Im = { y ∈ R | x ≤ − 1 y ≤ 1}).

Abordamos também o domínio da função seno, que é o conjunto dos números reais (D = R), e a imagem da função seno, que são os valores reais entre 1 e −1, inclusive eles (Im = {y ∈ R | −1 ≤ 1}).

A função tangente também pode ser calculada por meio da razão da função seno pela função cosseno, ou seja, $y = f(x) = tangx = \frac{senx}{cosx}$.

Além disso, verificamos que, por definição, chamamos de *secante de um arco* o inverso do seu cosseno $\left(secx = \frac{1}{cosx}\right)$ e a cossecante de um arco é o inverso do seu seno $\left(cossecx = \frac{1}{senx}\right)$.

Por fim, vimos que a cotangente de um ângulo é o inverso da sua tangente $\left(cotgx = \frac{1}{tanx}\right)$.

Logaritmos e funções

Questões para revisão

1. Em qual quadrante encontra-se a extremidade do arco:
   a) 7936°?
   b) $\dfrac{17\pi}{3}$ radianos?
   c) 4080 graus?

2. Quando a cossecx varia de 1 a +∞, a tanx varia de:
   a) −∞ a 0.
   b) 0 a +∞.
   c) +∞ a 0.
   d) 0 a −∞.

3. Qual é o valor máximo e o valor mínimo que pode assumir a função $y = 3 - \cos x$?

4. Quando o $\cos x < 0$ e $\tan x < 0$, o arco está em qual quadrante?

5. Em que quadrante cai a extremidade do arco x, sabendo que $\cos x < 0$ e $\cot gx > 0$?

6. Se $x = K\pi$, então tanx vale:
   a) ±1.
   b) 0.
   c) −∞.
   d) +∞.

7. Para todo valor de x para o qual secx é crescente, temos:
   a) senx crescente.
   b) tanx decrescente.
   c) cotgx crescente.
   d) cosx decrescente.
   e) cossecx crescente.

8. Qual é o valor numérico da expressão $2\cos 4x - \sin 2x + \tan x - 4\sec 4x$, quando $x = 45°$?

Para concluir...

O estudo da matemática, ao contrário do que a maioria das pessoas imagina, é simples, desde que realizado com certo critério. Deve ser seguida uma sequência lógica, com explicações em textos elaborados com simplicidade, em linguagem dialógica, acompanhados de exemplos resolvidos. Após a análise desses exemplos, o estudante deve praticar, resolvendo outros exercícios similares, normalmente indicados na obra que tem em mãos. A coleção *Desmistificando a Matemática* tem este propósito: tornar a matemática de fácil assimilação e permitir a qualquer pessoa uma evolução natural ao longo do estudo de seus volumes.

Referências

CASTANHEIRA, N. P.; MACEDO, L. R. D. de; ROCHA, A. **Tópicos de matemática aplicada**. Curitiba: Ibpex, 2008.

D'AMBROSIO, U. **Educação matemática**: da teoria à prática. 9. ed. Campinas: Papirus, 1996.

DEMANA, F. D. et al. **Pré-cálculo**. 2. ed. São Paulo: Pearson Education do Brasil, 2013.

FOGAÇA, J. R. V. Meia-vida ou período de semidesintegração de elementos radioativos. **Terra**, [s.d.]. Mundo Educação. Disponível em: <http://www.mundoeducacao.com/quimica/meiavida-ou-periodo-semidesintegracao-elementos-radioativos.htm>. Acesso em: 6 ago. 2014.

GUIDORIZZI, H. L. **Matemática para administração**. Rio de Janeiro: LTC, 2002.

IEZZI, G. **Fundamentos de matemática elementar**. 7. ed. São Paulo: Atual, 1993. v. 1.

LEITE, Á. E.; CASTANHEIRA, N. P. **Equações e regras de três**. Curitiba: InterSaberes, 2014a. (Coleção Desmistificando a Matemática, v. 2).

_____. **Geometria plana e trigonometria**. Curitiba: InterSaberes, 2014b. (Coleção Desmistificando a Matemática, v. 3).

_____. **Teoria dos números e teoria dos conjuntos**. Curitiba: InterSaberes, 2014c. (Coleção Desmistificando a Matemática, v. 1).

MEDEIROS, V. Z. (Coord.). **Pré-cálculo**. 3. ed. São Paulo: Cengage Learning, 2013.

MOYER, R. E.; AYRES JUNIOR, F. **Trigonometria**. 3. ed. São Paulo: Bookman, 2003. (Coleção Schaum).

Logaritmos e funções

Respostas

Capítulo 1

1.
   a) [−4, +58]
   b) [0, +∞)
   c) (−∞, 0)

2. Sim.

3. 0 (zero)

4.
   a) D = {2, 4, 5}
   b) CD = {9, 10, 21, 30}
   c) Im = {9, 10, 21}

5.
   a) D = todo x real; CD = y ≥ $\sqrt{2}$
   b) D = todo x real; CD = y ≥ 2
   c) D = todo x real; CD = −1 ≤ y ≤ +1
   d) D = (0, +∞); CD = y > 0

6.
   a)

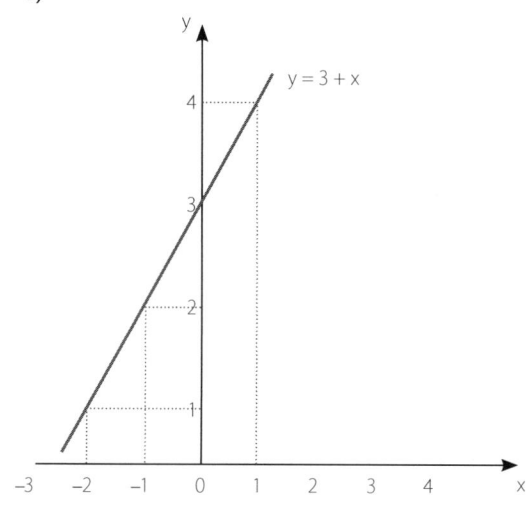

   b)

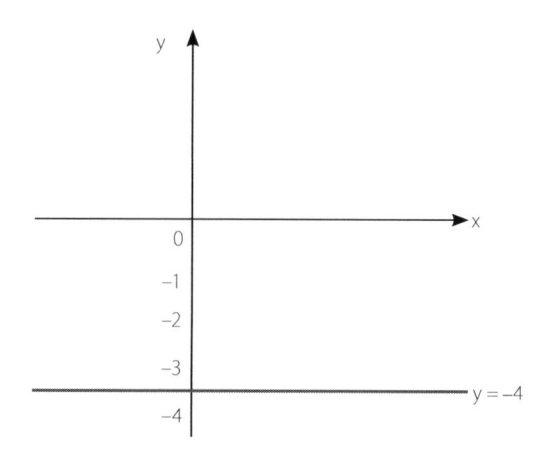

7.
   a) É par, pois f(x) = f(−x).
   b) É ímpar, pois f(−x) = −f(x).

8.
   a) Sim.
   b) Não.

9.
   a) f(g(x)) = f(5x − 2) = 5(x^2 + 4) − 2 = $5x^2$ + 20 − 2 = $5x^2$ + 18
   b) g(h(x)) = g(2 + 3x) = 2 + 3(5x − 2) = 2 + 15x − 6 = 15x − 4
   c) h(f(x)) = h(x^2 + 4) = $(2 + 3x)^2$ + 4 = 4 + 12x + $9x^2$ + 4 = $9x^2$ + 12x + 8

10. Não é contínua no ponto x = 2.

11.
   a) (3, 80)
   b) [−5, 5]
   c) [−12, 4)
   d) (−∞, 54]
   e) (−∞, 0)

12.
a) $f(0) = -1$ $f(-1) = -2$ $f(1) = 2$

b) $f(0) = -3$ $f(-1) = -8$ $f(1) = 4$

13.
a) 1 e 6

b) –2 e 3

c) –1 e 3

14.
a) O domínio da função é $x \geq 1$, pois y não é real para $x - 1 < 0$.

b) O domínio da função é $(0, +\infty)$, pois y não é finito para $x = 0$ e não existe para $x < 0$.

c) O domínio da função é $(-\infty, +\infty)$, pois y é real e finito para todo x real.

d) O domínio da função é todo x real.

e) O domínio da função é todo x real, com $x \neq 5$.

f) Não tem domínio.

g) Todo x real, exceto $x = 2k\pi \pm \pi/2$.

h) $-1 \leq x \leq +1$.

15.
a) D = todo x real; CD = todo y real.

b) D = $x \geq -3$; CD = $y \geq 0$.

c) D = todo x real; CD = $-1 \leq y \leq +1$.

d) D = todo x real; CD = $y > 0$.

16.
a)

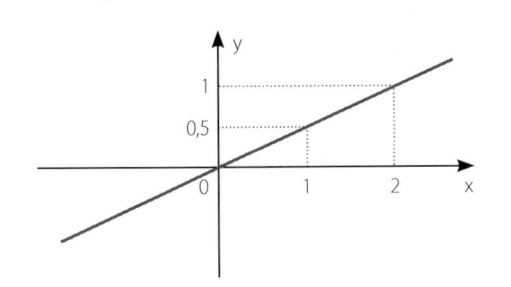

b)

x	y
–3	13
–2	8
–1	5
0	4
1	5
2	8
3	13

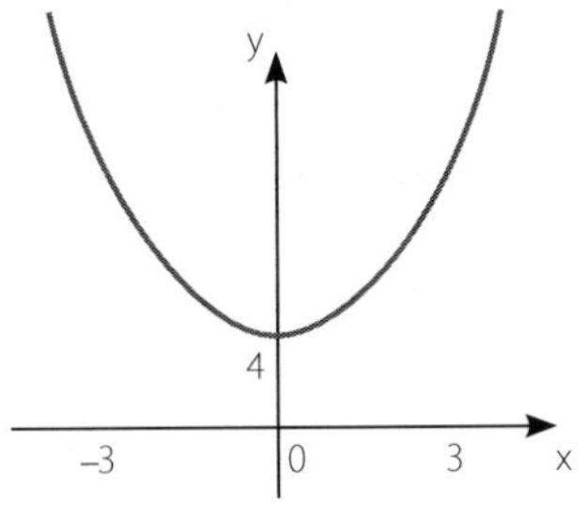

c)

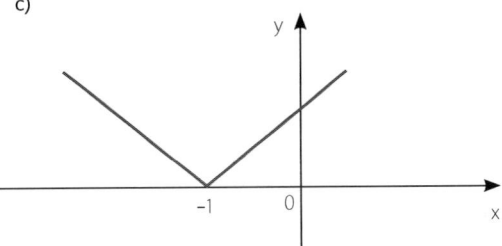

d)

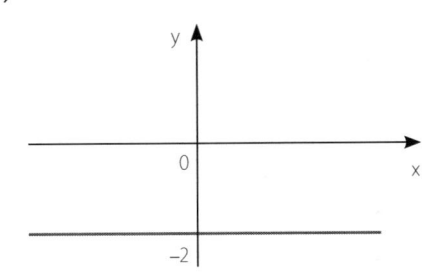

e)

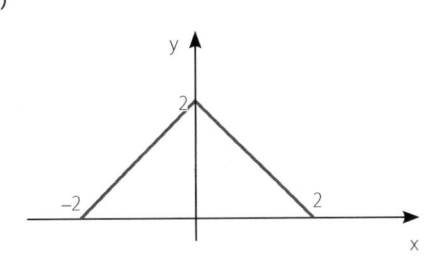

17.
a) Concavidade para cima, pois $a > 0$.
Raízes da função (fazer $y = 0$):
$x^2 - 5x + 6 = 0$ ($a = 1$, $b = -5$, $c = 6$)
$\Delta = b^2 - 4ac$
$\Delta = (-5)^2 - 4 \cdot (1) \cdot (6) = 1$
$x = \dfrac{-b \pm \sqrt{\Delta}}{2a}$ $x = \dfrac{-(-5) \pm \sqrt{1}}{2 \cdot (1)}$

$x = \dfrac{5 \pm 1}{2}$, $x_1 = \dfrac{5 + 1}{2}$ e $x_2 = \dfrac{5 - 1}{2}$

$x_1 = 3$ e $x_2 = 2$

Logaritmos e funções

b) Interceptar y (ponto onde a parábola corta o eixo y). Fazendo x = 0, temos que a parábola corta o eixo y em (0, c). Logo, essa função intercepta o eixo y em (0, 6).

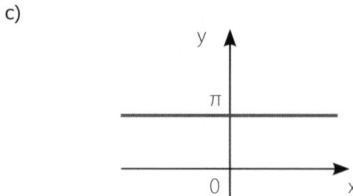

c) Coordenadas do vértice:

$$x_v = \frac{-b}{2a} \rightarrow x_v = \frac{-(-5)}{2 \cdot 1} \rightarrow x_v = \frac{5}{2}$$

$$y_v = \frac{-\Delta}{4a} \rightarrow y_v = \frac{-1}{4 \cdot 1} \rightarrow y_v = \frac{-1}{4}$$

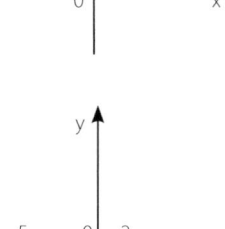

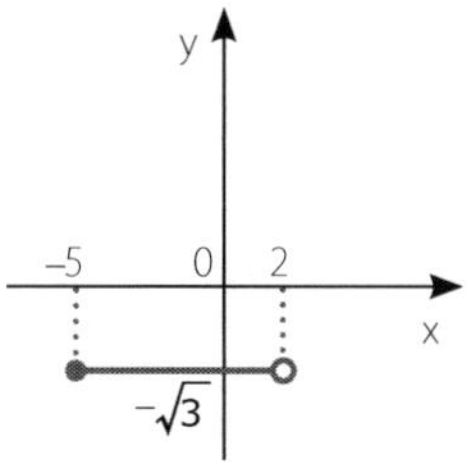

d) Gráfico:

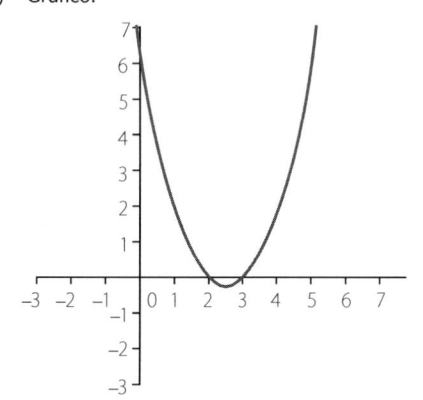

c)

d)

18.
a)

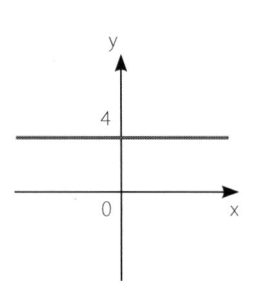

b)

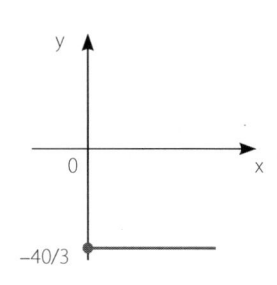

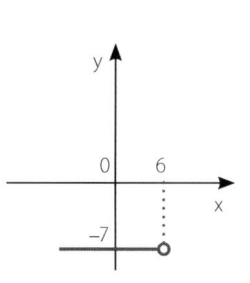

19.
a) Im = {4}
b) Im = $\left\{\frac{40}{3}\right\}$
c) Im = {π}
d) Im = {-√3}
e) Im = {0}
f) Im = {-7}

20.

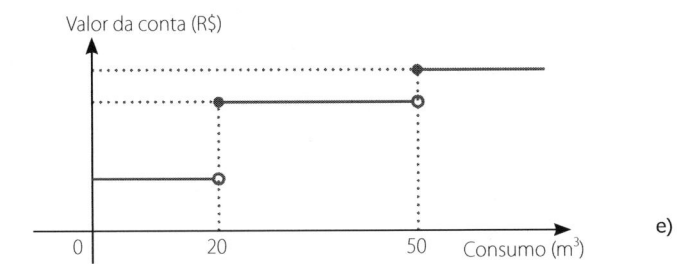

a) D = {c ∈ R | c ≥ 0}; Im = {18,50; 47,50; 59,00}

b) R$ 47,50 e R$ 47,50

c) c ≥ 50 m³

d) R$ 18,50

21.
a) R$ 2,00 e R$ 3,50

b) R$ 6,50

c) {x ∈ R | 4 < x ≤ 5}

d) R$ 17,00

22.
a)

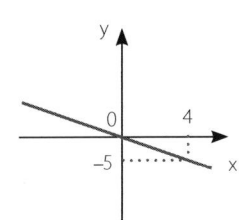

b)

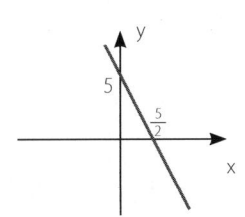

c)

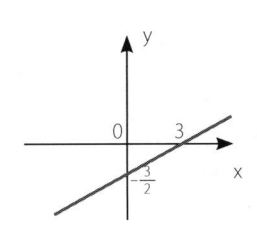

d)

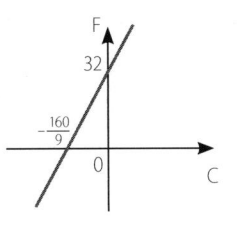

e)

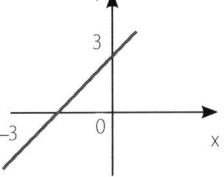

f)

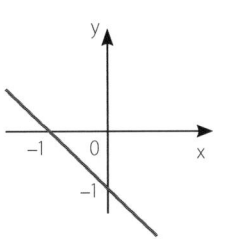

g)

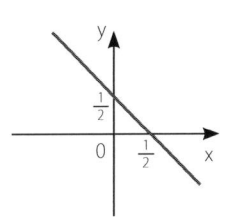

h)

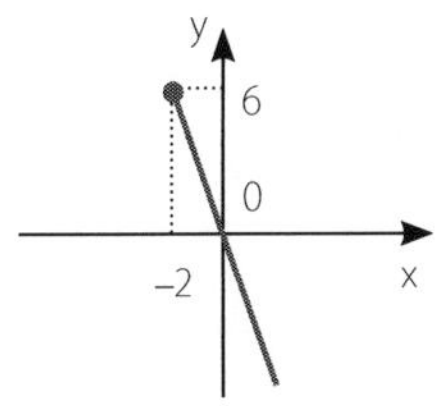

i)

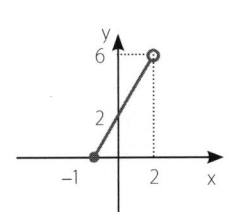

Logaritmos e funções

j)

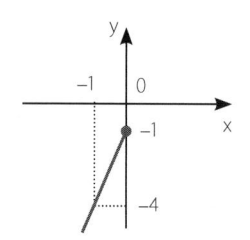

26.
a)

23.

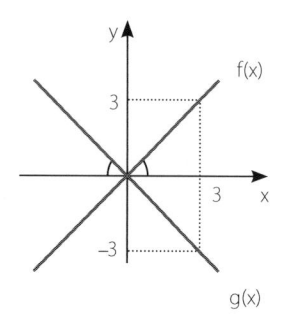

b)

c)

24.

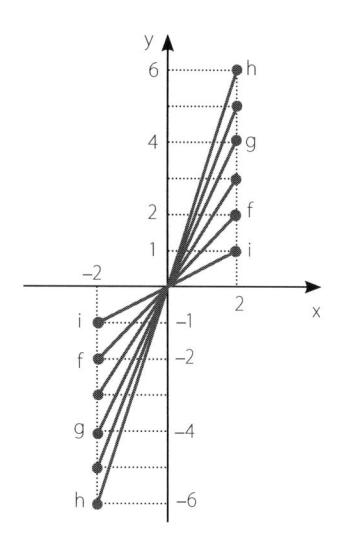

25.

d)

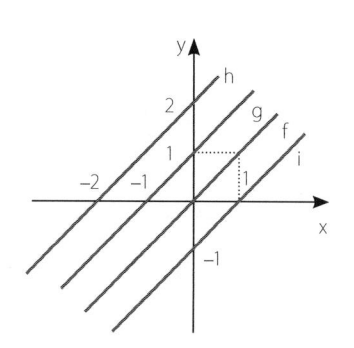

As retas *f*, *g*, *h* e *i* são paralelas.

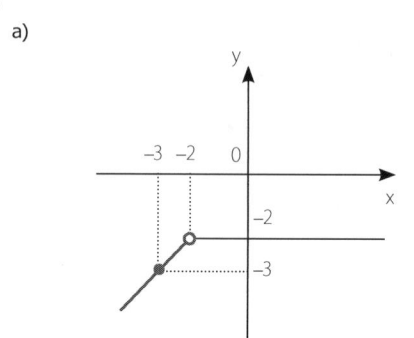

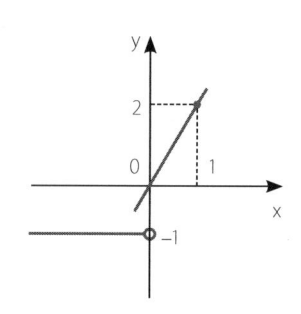

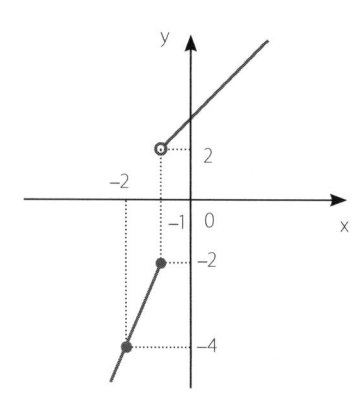

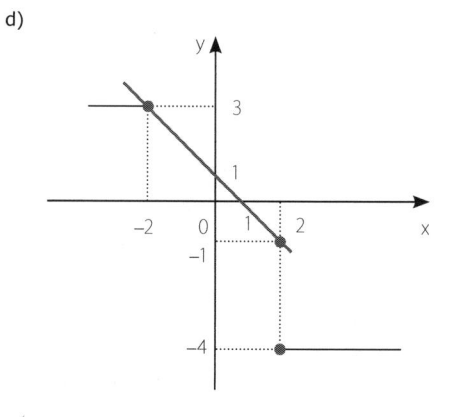

27.
a) $f(x) = -x^2 + 7x - 10$

Concavidade para baixo, pois a < 0.
Raízes da função (fazer y = 0):
$-x^2 + 7x - 10 = 0$
(a = -1, b = 7, c = -10)
$\Delta = (7)^2 - 4 \cdot (-1) \cdot (-10) = 9$
$x = \dfrac{-(7) \pm \sqrt{9}}{2 \cdot (-1)} \quad x = \dfrac{-7 \pm 3}{-2}$

$x_1 = \dfrac{-7+3}{-2}$ e $x_2 = \dfrac{-7-3}{-2}$

$x_1 = 2$ e $x_2 = 5$

Interceptar y (ponto onde a parábola corta o eixo y):
Fazendo x = 0, temos que a parábola corta o eixo y em (0, c), logo essa função intercepta o eixo y em (0, -10).

Coordenadas do vértice:
$x_v = \dfrac{-b}{2a} \to x_v = \dfrac{-(7)}{2 \cdot (-1)} \to x_v = \dfrac{-7}{-2} \to x_v = \dfrac{7}{2}$

$y_v = \dfrac{-\Delta}{4a} \to y_v = \dfrac{-9}{4 \cdot (-1)} \to y_v = \dfrac{-9}{-4} \to y_v = \dfrac{9}{4}$

Gráfico:

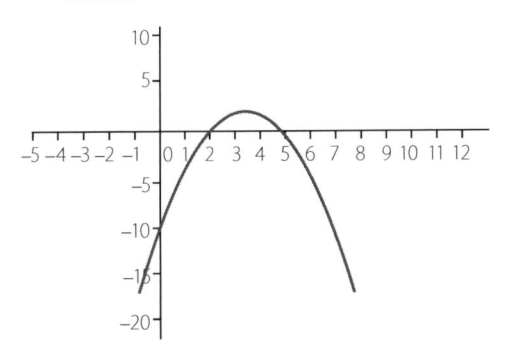

Valor máximo (vértice) = $\left(\dfrac{7}{2}, \dfrac{9}{4}\right)$

b) $y = -x^2 + 3x - 10$.

Concavidade para baixo, pois a < 0.
Raízes da função (fazer y = 0):
$-x^2 + 3x - 10 = 0$ (a = -1, b = 3, c = -10)
$\Delta = -b^2 - 4ac$
$\Delta = (3)^2 - 4 \cdot (-1) \cdot (-10) = -31$
Portanto essa equação não tem raízes
Interceptar y (ponto onde a parábola corta o eixo y):
Fazendo x = 0, temos que a parábola corta o eixo y em (0, c), logo essa função intercepta o eixo y em (0, -10)

Coordenadas do vértice:
$x_v = \dfrac{-b}{2a} \to x_v = \dfrac{-(+3)}{2 \cdot (-1)} \to x_v = \dfrac{-3}{-2} \to x_v = \dfrac{3}{2}$

$y_v = \dfrac{-\Delta}{4a} \to y_v = \dfrac{-(-31)}{4 \cdot (-1)} \to y_v = \dfrac{-31}{-4} \to y_v = \dfrac{31}{4}$

Gráfico:

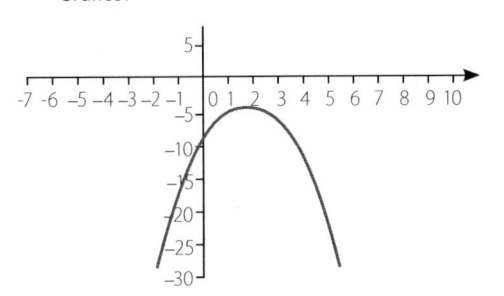

c) $y = x^2 - 2x + 1$

Concavidade para cima pois a > 0.
Raízes da função (fazer y = 0):
$x^2 - 2x + 1 = 0$ (a = 1, b = -2, c = 1)
$\Delta = -b^2 - 4ac$
$\Delta = (-2)^2 - 4 \cdot (1) \cdot (1) = 0$
$x = \dfrac{-b \pm \sqrt{\Delta}}{2a} \to x = \dfrac{-(-2) \pm 0}{2 \cdot 1}$

$x = \dfrac{2 \pm 0}{2}$, $x_1 = \dfrac{2+0}{2} 1$ e $x_2 = \dfrac{2-0}{2}$

$x_1 = x_2 = 1$

Interceptar y (ponto onde a parábola corta o eixo y):
Fazendo x = 0, temos que a parábola corta o eixo y em (0, c), logo, essa função intercepta o eixo y em (0, 1).

Coordenadas do vértice:
$x_v = \dfrac{-b}{2a} \to x_v = \dfrac{-(-2)}{2 \cdot 1} \to x_v = \dfrac{2}{2} = 1$

$y_v = \dfrac{-\Delta}{4a} \to y_v = \dfrac{0}{4 \cdot (1)} \to y_v = 0$

Logaritmos e funções

Gráfico:

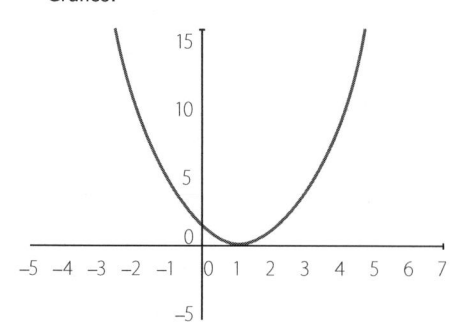

d) $f(x) = x^2 - 9$

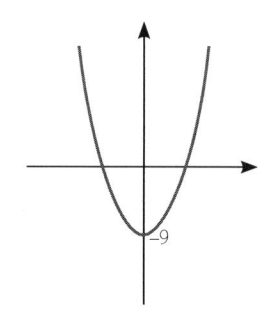

Valor mínimo = -9
Ponto de mínimo $\to (0, -9)$
Im = $\{y \in \mathbb{R} \mid y \geq -9\}$

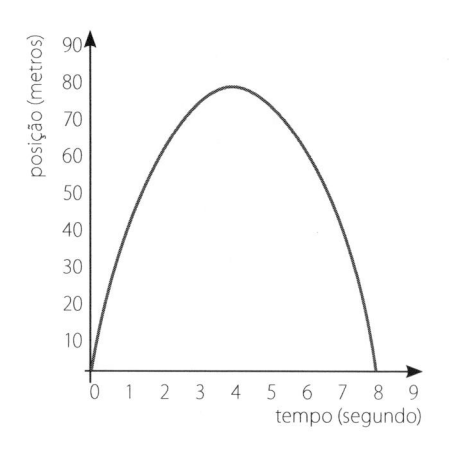

28.
a)

b) A altura máxima atingida por este objeto é exatamente a coordenada do ponto chamado *vértice*. Logo, basta calcular y_v.

$y_v = \dfrac{-\Delta}{4a} \to \Delta = b^2 - 4ac$

$\Delta = (40)^2 - 4(-5)\cdot(0) \to \Delta = 1\,600$

$y_v = \dfrac{-1\,600}{4 \cdot (-5)} \to y_v = 80$

A altura máxima é de 80 metros.
O tempo gasto para se atingir a altura máxima é a abscissa do vértice. Logo, basta calcular x_v:

$x_v = \dfrac{-b}{2a} \to x_v = \dfrac{-40}{2 \cdot (-5)} \to x_v = 4$

O tempo é de 4 segundos.

29. 20u, em que u é a unidade de comprimento adotada.

30. $12\sqrt{2}$, em que u é a unidade de comprimento adotada.

31. $18u^2$, em que u é a unidade de comprimento adotada.

32. $i = 0{,}714$

33.
a) 0,1429

b) $-2{,}5$

c) 0

d) $-1{,}67$

e) 1

34.
a) Sabemos que a equação reduzida de uma reta tem a forma $y = mx + b$

Em que:
m é o coeficiente angular;
b é o coeficiente linear.

Esses coeficientes podem ser obtidos substituindo-se os pontos x e y pertencentes a cada reta. Os pontos da reta r são:
$A(5,4)$ e $B(-1, -2)$

Substituindo o ponto A na equação reduzida da reta, temos:
$y = mx + b$
$4 = 5m + b$

Agora substituindo o ponto B, temos:
$y = mx + b$
$-2 = -1m + b$

Vamos multiplicar essa última equação por -1, a fim de podermos aplicar o método da adição para resolução de sistemas. Assim, temos duas equações com duas incógnitas e podemos somá-las membro a membro para descobrir o valor do coeficiente angular m:

$\begin{cases} 4 = 5m + b \\ 2 = 1m - b \end{cases}$

Somando membro a membro as duas equações, temos:

$4 + 2 = 5m + 1m + b - b$

$6m = 6 \rightarrow m = 1$ (este é o coeficiente angular da reta r)

Para calcular o valor de , substituímos esse valor na primeira (ou na segunda) equação:

$4 = 5 \cdot 1 + b$
$b = -1$

Portanto, a equação da reta r é:
$y = x - 1$

Procedimento análogo realizamos para obter a equação da reta s, cujos pontos são:
$C(1,5)$ e $D(5,-1)$

Substituindo o ponto C na equação reduzida da reta, temos:
$y = mx + b$
$5 = m + b$

Agora substituindo o ponto D, temos:
$y = mx + b$
$-1 = 5m + b$

Multiplicando toda equação por −1, temos:
$1 = -5m - b$

$\begin{cases} 5 = m + b \\ 1 = -5m - b \end{cases}$

$5 + 1 = m - 5m + b - b$

$-4m = 6 \rightarrow m = -\frac{6}{4} = -\frac{3}{2}$ (este é o coeficiente angular da reta s)

Voltando na primeira equação, temos:
$5 = m + b$
$5 = -\frac{3}{2} + b \rightarrow b = \frac{10}{2} + \frac{3}{2} = \frac{13}{2}$

Portanto, a equação da reta s é
$y = -\frac{3}{2}x + \frac{13}{2}$

b) Para saber o ponto que as duas retas se interceptam, igualamos o segundo membro da equação da reta r com o segundo membro da equação da reta s:

$x - 1 = -\frac{3}{2}x + \frac{13}{2}$
$2x - 2 = -3x + 13$
$5x = 15$
$x = 3$

Substituindo esse valor de x na equação da reta r, temos:
$y = x - 1$
$y = 3 - 1 = 2$

Portanto, as retas r e s se interceptam no ponto (3,2).

35. $y = 600x$

36. $y = 0,4x + 40$

37. R$ 98,80

38. $A = x^2$

39. $y = -x^2 - 1$

40. $y = 2^x$

41. $y = \cos x$

42.
  a) Porque para cada valor de Q existe um único valor de P.
  b) Variável independente P, variável dependente Q.
  c) R$ 24,00
  d) R$ 3,50

43.
  a) $D = \{x \in R \mid x \neq -3\}$
  b) $D = \{x \in R \mid x \neq -5 \text{ e } x \neq 1\}$
  c) $D = \{x \in R \mid x \neq -4 \text{ e } x \neq 4\}$
  d) $D = \{x \in R \mid x \neq 0 \text{ e } x \neq 2\}$
  e) $D = \{x \in R \mid x \neq 0\}$
  f) $D = \{x \in R \mid x \geq 4\}$
  g) $D = \{x \in R \mid x > 9\}$
  h) $D = \{x \in R \mid x > 2\}$
  i) $D = \{x \in R \mid x \neq k \text{ e } k \in Z\}$
  j) $D = \{x \in R \mid x > -4 \text{ e } x \neq 0\}$

44.
  a) Sim
  b) Sim

Logaritmos e funções

  c) Não
  d) Sim

45.
  a) par
  b) nem par, nem ímpar
  c) ímpar
  d) ímpar
  e) par
  f) nem par, nem ímpar
  g) par
  h) ímpar
  i) ímpar
  j) nem par, nem ímpar

46.
  a) crescente
  b) decrescente
  c) crescente
  d) crescente
  e) crescente
  f) decrescente
  g) decrescente

47.
  a) $y = \sqrt{100 - x^2}$, $D = \{x \in R \mid x < 10\}$
  b) $A = \dfrac{x + \sqrt{100 - x^2}}{2}$

48.
  a) $y = x + 5$
  b) $y = \dfrac{5x + 2}{3}$
  c) $y = \dfrac{3x}{5}$
  d) $y = \dfrac{2x}{3}$

Capítulo 2

1. Primeiramente, faremos o gráfico de $g(x) = |x|$. Em seguida, para obtermos o gráfico de f(x), deslocaremos cada ponto da função g(x) uma unidade para cima.

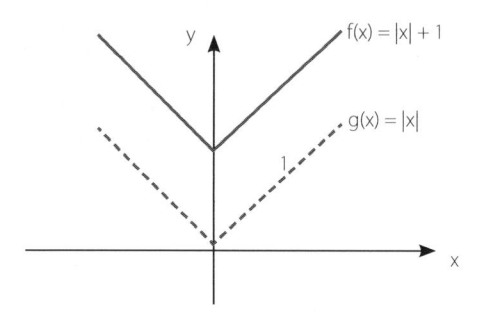

2. Façamos uma tabela para a obtenção de alguns pontos do gráfico.

x	$f(x) = |2x + 4| - 3$
−3	−1
−2	−3
−1	−1
0	1
1	3
2	5
3	7

Façamos então o gráfico.

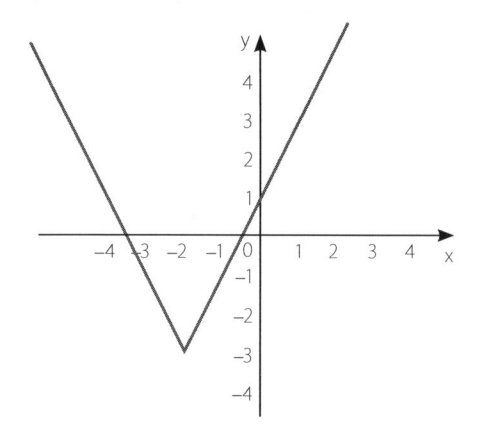

3. $|2x - 4| = |x + 1|$
   $2x - 4 = x + 1$
   $2x - x = 1 + 4$
   $x = 5$
   ou
   $2x - 4 = -(x + 1)$
   $2x - 4 = -x - 1$

3x = 3
x = 1
Assim:
S = {5, 1}

4. Resolva a equação modular $|x|^2 - 7|x| + 12 = 0$:

5.
w = |x|
$w^2 - 7w + 12 = 0$
Δ = 1
$w_1 = 4$ e $w_2 = 3$
Como:
w = |x|
Temos:
s = {−4, −3, 3, 4}

Capítulo 3

1.
   a) x = 8
   b) x = 7
   c) x = 2
   d) x = 3
   e) x = 2 ; x = ½

2. x = 10 meses

Capítulo 4

1. $1 / \sqrt{10}$
2. $\sqrt[5]{5}$
3. 1000
4.
   a) 0,699
   b) −0,188
5. 2
6. A = 1 milhão; B = 2 milhões

Capítulo 5

1.
   a) 1º
   b) 4º
   c) 2º

2.
   a) −∞ a 0

3. 4 e 2
4. 2º
5. 3º
6. b) 0
7. d) cosx crescente
8. 2

Sobre os autores

Álvaro Emílio Leite é graduado em Física pela Universidade Federal do Paraná (UFPR), especialista em Ensino a Distância pela Faculdade Internacional de Curitiba (Facinter), mestre e doutor em Educação pela UFPR. Ministra aulas de Física e Matemática desde 2001, tendo atuado como professor do ensino fundamental, médio e superior. Em sua trajetória acadêmica, já participou de programas de iniciação científica e projetos de extensão universitária, foi tutor de acadêmicos de Física nas escolas públicas em que atuou, além de ter participado de vários simpósios e congressos nacionais e internacionais sobre educação. Atualmente, é professor do Departamento de Física da Universidade Tecnológica Federal do Paraná (UTFPR), em que ministra aulas para o curso de Física e para cursos de Engenharia.

Nelson Pereira Castanheira é graduado em Eletrônica pela Universidade Federal do Paraná (UFPR) e em Matemática, Física e Desenho Geométrico pela Pontifícia Universidade Católica do Paraná (PUCPR). É especialista em Análise de Sistemas e em Finanças e Informatização, mestre em Administração de Empresas com ênfase em Recursos Humanos e doutor em Engenharia de Produção com ênfase em Qualidade pela Universidade Federal de Santa Catarina (UFSC). Atua no magistério desde 1971, tendo exercido os cargos de professor e coordenador de Telecomunicações da Escola Técnica Federal do Paraná, professor do Centro Universitário Campos de Andrade (Uniandrade), professor e coordenador da Universidade Tuiuti do Paraná (UTP), professor e coordenador do Instituto Brasileiro de Pós-Graduação e Extensão (Ibpex), professor e coordenador da Faculdade de Tecnologia Internacional (Fatec Internacional). Ocupou os cargos de Pró-reitor de pós-graduação e pesquisa e de Pró-reitor de graduação e extensão do Centro Universitário Internacional Uninter.

Impressão: BSSCARD
Fevereiro/2015